JN124263

慶應義塾大学教養研究センター
極東証券寄附講座

生命の教養学——16

生命の経済（エコノミー）

西尾宇広 [編]

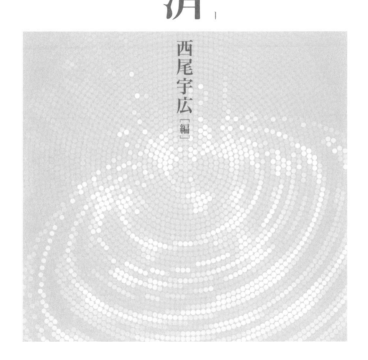

慶應義塾大学出版会

はじめに

　私たちは「経済」を営む生き物だ。生きる糧を得るために働き、何かを生産し、そうして得られた成果物を他人と分かち合っては交換し、あるいはそれを贈与したり消費したりすることで、人間はみずからの生を維持している。こうしたサイクルのすべてを一つの「経済」と捉えるなら、かならずしも常に「利己的」で「合理的」にふるまうとはかぎらない私たちは、それでもなお、言葉の最も広い意味において、やはり一種の「経済人(ホモ・エコノミクス)」であるにちがいない。

　日々のたゆまぬ経済活動によって私たちの生命が存続しているとするならば、たしかに経済は生命にとっての必要不可欠な前提条件ということになる。2020年4月7日、日本の主要な諸都市において緊急事態宣言が発令され、多くの職種や職場が深刻な営業自粛を迫られたとき、私たちはそのことをあらためて痛感させられた。人間の生命をウイルスから守るためにとられた一連の措置が、返す刀で多くの人から生活のための手段を奪い、感染症とは別の理由によって人びとが死に追い込まれるという致命的な結果を招くかもしれないのだ。さらに、過酷な労働環境のなかで患者に向き合い続ける医療従事者の傍らには、自分や他人の生活のために文字通り命懸けで働くことを余儀なくされた人たちもいる。このような状況下で休業補償をはじめとする適切な経済対策が打たれなければ、この社会の息の根はすぐに止まってしまうだろう。医療だけでなく経済もまた、私たちの生存を左右する重要な生命線にほかならない。

　しかしその一方で、生命と経済の関係はきわめて両義的でもある。私たちの日常的な暮らしのなかには、生命そのものが経済のプロセスに組み込まれ、その手段として利用されてしまうという局面もまた容易に見出すことができるからだ。労働力の過剰な搾取によって生じる過労死という極限の事態や、

生命の価値が金銭的に換算される生命保険という社会制度は、その顕著な事例といえるだろう。経済が順調であることによって失われる命があることを、そして、命の犠牲のうえに成り立つ経済的過程があることを忘れてはならない。私たちは生命と経済のあいだで常に動揺にさらされている。

　もっとも、経済と生命の不可分な結びつきは、こうした狭義の経済活動のレヴェルにはとどまらない。「経済 economy」という言葉の語源である古代ギリシア語の「oikonomia」は、「家 oikos」と「法 nomos」から成る合成語とされており、もともとは「家政」を意味する言葉だった。古代ギリシアの哲学者であり、同時に自然科学をはじめとする広範な領野に足跡を残した「万学の祖」アリストテレスは、家政術についての最初の重要な理論家としても知られている。彼は家政の理想的なあり方を問うなかで、家の秩序をつかさどる主人の重要な資質についても考察した。そこで求められた資質とは、みずからを支配し秩序づける習慣、すなわち自己の適切な管理能力にほかならない。アリストテレスの家政術には、家のみならず自分自身を律する技術までもが含意されていたのである。

　「家政」というその言葉は、これ以降さらに時代を経るなかで、家という空間に限定されないより広い領域を示唆しつつ、ときには「王」による「国」の支配に、ときには「神」による「宇宙」の支配に喩えられるようになっていく。例えば「分類学の父」とも称される博物学者リンネは、鉱物・植物・動物のあいだの有機的な連関を神の摂理による最適な「配置」と捉え、それを「自然のエコノミー」と呼んでみせた。人間中心的なリンネの自然観が、現代からみればもはや時代遅れのものであることはたしかだとしても、生命とそれを取り巻く「環境」との関係になんらかの因果性や法則性を見出そうとするこうした自然科学の発想のなかに、すでに言葉の本来の意味における「経済」的な思考が含まれていたことは間違いない。裏を返せば、人間をはじめとする生物一般の生命活動そのものを、一つの経済活動とみなすこともできるだろう。個々の生命体における代謝や生物界全体の食物連鎖は、物質の絶えざる交代と循環の産物としての生命のありようを端的に示唆しているからだ。

このように「家政＝経済」という概念は、最も広大な宇宙の秩序から最も微細な個体内部の秩序にいたるまで、さまざまな局面での秩序のありようを生産や消費、交換や配置といった要素に注目して捉え直すダイナミックな観点であり[1]、その中心には常に「生命」へのまなざしがある。以下に続く各章では、こうした認識を出発点として、互いに専門分野を異にする研究者11名による多彩な考察が展開されていく。

＊

本書は、慶應義塾大学教養研究センターが設置する極東証券寄附講座「生命の教養学」（2019年度）に基づく講義録である。本講座はもともと2003年度に公開講座として開設されたとき以来、じつに15年以上にわたって毎年欠かさず開講され、本学日吉キャンパスに所属するすべての学生に向けて開かれてきた。まずはこの授業の概要について簡単に紹介しておきたい。

「生命の教養学」は、自然科学および人文・社会科学の各分野において、それぞれに異なる角度から問われ続けている「生命」という大きな主題を結節点に、いわゆる「文系」「理系」の垣根を越えて広がる学際的な知の現場を受講者たちに提供すべく企画された、オムニバス形式の講義である。この現場では、講義名称の後半にある「教養」という言葉を、「特定の学問領域に偏ることなく広く思考の素材を追い求め、各領域の研究成果には十分な敬意を払いつつも、その雑多な素材を元手として、新たな知を創り出そうとする探究の姿勢」（教養研究センターパンフレットより）と捉えたうえで、年度ごとに決められるテーマ（サブテーマ）をもとに、大学内外から11名の専門家を招いての連続講演がおこなわれる（ちなみに半期14回の授業のうち、残りの回は導入・総括・試験にあてられる）。計16回に及ぶ過年度の講座のテーマについては、教養研究センターのホームページをご参照いただきたい[2]。

1　「家政＝経済」という言葉の歴史的な展開については、特に以下の文献を参照した。佐々木雄大「〈エコノミー〉の概念史概説──自己と世界の配置のために」、『Nύξ（ニュクス）』創刊号（2015年）、10-35頁所収。

2　http://lib-arts.hc.keio.ac.jp/education/culture/life/（最終閲覧日：2020年4月17日）また、これまでの講座すべての講義録がいずれも慶應義塾大学出版会より刊行されている。

その第17回目にあたる2019年度のテーマが「生命の経済（エコノミー）」に決定したのは、2018年9月下旬のことである。さまざまな専門分野のメンバーによって構成された企画委員会（この「はじめに」の末尾を参照）で知恵を出し合い、このテーマを語るにふさわしい講師の候補者リストを作成したうえで、それぞれの委員がおこなった交渉の結果、最終的に本書所収の11名の講師陣が確定した。いずれもまさにいまその道の第一線で活躍されている研究者の方ばかりであり、翌2019年の4月から7月にかけて開講された講座には、日吉キャンパスに集う全学部（文・経済・法・商・医・理工・薬学部）から、総勢80名近い学生たちが熱心に参加してくれた。各回の講義のあとに設けられた30分程度の質疑応答の時間には、文字通り途切れることなく多くの質問が（しかも少なからぬ良質なそれが）提起され、講師と学生のあいだでじつに活発な意見交換がなされたことは、企画委員長として毎回の授業に立ち会った筆者の印象に今も強く残っている。

＊

　そのような講義に基づく本書の内容を、ここではもう少し詳しく紹介しておこう。あらかじめ断っておくならば、ここに収められた講義の順序は、じっさいに教室でおこなわれた講義の順序とは一致していない。一連の議論を講義録としてまとめるにあたり、それぞれの講義の相互的な関連性を教室とは異なるかたちで提示したい、という考えに立ってのことである。もしもみずから講義の現場に居合わせた受講者諸氏がこの講義録を手に取るとしたら、ここに再編成された一連の講義は、あのときとは一味も二味も違う別の物語性を感じさせるものとなっているにちがいない。

　大きく3部構成をとる本書のなかで"序章"の位置を占めるのは、科学哲学の一分野である「生物学の哲学」を専門とする田中泉吏氏の講義である。そこでは「生命」と「経済」の密接なつながりが「生物学」と「経済学」という2つの学問分野の相互的な影響関係として捉え直され、近代の学問史がたどった大きな流れを背景に、本書が探究するテーマについての重要な見取り図が示されている。その先に見えてくるのは、「協力」という生命界全体に照らして特異な本性をもつ人間の姿にほかならない。こうした"序章"の

展望を踏まえたうえで、さしあたっては最もミクロなレヴェルの「生命の経済」が次章以降の議論の端緒となる。

　第1部「心と体の経済学」では、ケミカルバイオロジー、臨床心理学、行動経済学の視点から、わたしたちの身体と精神の内部で起きている出来事、そして人間が社会で実践している多様な行動が、それぞれ異なるレヴェルで進行している「経済」的な過程として描き出される。人間の体内で作動している抗体やタンパク質のメカニズムを「無駄」と「効率性」という観点から観察した清水史郎氏は、読者（受講者）に向けて、私たちの身体の合理性と不合理性をめぐる興味深い難問を投げかける。それに対して森さち子氏は、臨床心理士としてさまざまな心の悩みをもつ人たちに接してきた経験に基づきながら、心の内と外にある2つの現実のバランスを情動的なエネルギーの動きとして捉える「経済論」的な見地に立って、人間の心の「無意識」の問題に分け入っていく。こうした心のダイナミズムは、私たちの日常的な経済活動とも無縁ではない。星野崇宏氏は、AIやビッグデータを活用した研究の限界点を冷静に見究めつつも、それらの活用によって人間の行動や意思決定の仕組みを解明しようとする試みの最前線を紹介している。これらの講義から窺われるのは、私たちの心や体がじっさいになんらかの法則に従って動いていること、しかし同時に、その合理性と非合理性をめぐる基準自体がけっして固定的なものではないということだ。

　第2部「生と死の経済学」では、環境化学、数理ファイナンス、政治人類学の視点から、環境と社会制度、そして特定の共同体における文化的・政治的文脈のなかで、人間を含む生き物の生と死が「経済」のプロセスに組み込まれていく諸局面が検討される。仮に人間の経済活動の主たる目的（の一つ）が生命の維持にあるのだとすれば、日々の生活と長い人生行路のなかで、私たちの生存を脅かすさまざまな「リスク」とそれに対処していく適切なマネジメントは、「生命の経済」の根幹をなす重要な要素といえるだろう。こうした前提に立ったうえで、奥田知明氏は、私たちの健康の「安全」のために設定される「環境基準」という観点から、対する中川秀敏氏は、「生命保険」と「年金」という社会保障のための具体的な制度を例に、この問題の核

心に迫っていく。2つの議論からは、「安全」を定義することによって同時に「安心」を調達できるとはかぎらないこと、むしろ私たちに求められているのは、みずから引き受けることのできる「リスク」をあえて選び取っていく各人の能動的な判断であること、そしてじつ、私たちの社会は「死亡リスク」と表裏の「長生きリスク」をも抱え込んでいることが明らかになる。一方の宮本万里氏は、ブータンでのフィールドワークの経験に基づいて、日本やインドの事例も交えつつ、動物の生命を奪う「屠畜」という産業分野と「肉食」という消費行動の社会的な意味に光をあてる。それは、当該地域の政府の施策、宗教的慣習、そしてグローバルな経済潮流といった多重の要因の網の目のなかで、命をめぐる経済活動の意味を問い直す試みである。

　第3部「互助と互恵の生物学」では、政治思想、社会政策、西洋経営史、フランス思想・文学の視点から、「助け合う」動物としての人間のあり方をめぐる哲学的・歴史学的・経済学的考察が展開される。稲村一隆氏は、「経済＝家政」をめぐる思考の源流であるアリストテレスにまでさかのぼり、市場経済の勃興期ともいわれる古代ギリシアの社会における「経済」活動の位置づけを明らかにする。「分業」や「交換」を必要とするがゆえに個体としては「自足」できない人間についての古代人の洞察は、そのまま現代の福祉国家や社会保障の問題へと通じるものだろう。こうした議論の流れを受けて、続く駒村康平氏は、有限な資源や予算のなかでさまざまなコストの負担配分を検討し、人びとが「幸せ」に生きる仕組みを考える学問として経済学を捉えたうえで、多くの統計資料を読み解きながら、少子高齢化や経済格差といった現代の日本が抱える社会問題についての包括的な議論を展開している。

　ところで、そもそも市場は人を「幸せ」にするのだろうか、それとも生命そのものを危険にさらす脅威になり得るのだろうか。「生命の経済」をめぐるこの根源的な問いに歴史的な展望でアプローチしたのが、山本浩司氏の講義である。17世紀のイギリスで形成された「社会貢献」を謳うビジネス・モデル（「プロジェクト」）と、それに対する「不信」の歴史を追跡したその講義で示唆されるのは、まさしく人びとの競争心や消費の欲望を刺激することでSDGs（持続可能な開発目標）の達成を目論む、現代のグローバル企業の

原型にほかならない。このように歴史学が、現在の私たちが置かれている状況を別の視点から捉え直し、「当たり前」と思われている前提を批判的に検証するのに有効な一つの方法であるとするならば、おそらくは哲学と文学についても同じことがいえるだろう。石川学氏は、20世紀フランスの思想家にして文学者ジョルジュ・バタイユが提唱した「全般経済」というコンセプトの再検討を通して、現代世界が直面する多様な問題を理解するためのいくつかのヒントを提示している。過剰なまでの「生産」と「蓄積」、そして社会的な「有用性」がなおも支配的な価値観としてまかり通る現代にこそ、その余剰エネルギーが（例えば戦争というかたちで）暴発してしまう未来を回避するため、エネルギーの蕩尽、とりわけ無用の長物としての「文学」に希望を託したバタイユの思考は、「反抗」としての価値をもち得るのではないか、と。

　ここまでみてきたように、本書の議論は、個体としての人間とそれを取り巻くさまざまな環境との関係を「経済」という観点から検討しながら、最終的には互いに「助け合う」動物としての人間のあり方へとたどり着く構成になっている。ただし、こうした構成がけっして単なる予定調和的なヴィジョンを演出するものでないことを、最後に蛇足ながら断っておきたい。

　例えば本書で問題となる「互助と互恵」の内実は、そのじつまったく一様なものではない。それはかならずしも善意や道徳に支えられたものとはかぎらず、ときに必要や競争に駆られた結果として、ときに有用さへの反発の結果として実現されるかりそめの救済にすぎないのだ。また、それぞれの講義で示される見解は、多くの論点で相互に補い合いつつも、しばしばじつに対照的な内容になっている。それはひとえに「生命の経済」というテーマが孕む多義性によるものであり、換言すれば、このテーマの豊かな広がりを示唆する証左でもあるだろう。この本を手に取られた読者諸氏が、教室で講義に参加した受講者たちと同じように、それぞれの講義のあいだに可能なる新たな連関をみつけ出し、そこから私たちの身体と精神、そしてこの社会を捉え返すための独自のヒントを受け取ってくれるとすれば、編者としてこれに勝る喜びはない。この講義録そのものが、学問領域を越えた複数の知見のあい

だのダイナミックな交流の場として、一つの豊穣な「経済」的過程を体現してくれることを願っている。

＊

　末筆ながら、お忙しい学期中にもかかわらず貴重な時間を割いてこの講義のために駆けつけてくださり、講義録の作成に際しても献身的にご協力くださった講師の先生方に、あらためて心よりの感謝を申し上げる。また、本講座と本書の刊行のために寄附をいただいた極東証券株式会社にも、ここに記して感謝したい。最後に、2019年度の本講座企画委員会のメンバーと慶應義塾大学教養研究センターのスタッフ一同に、そして、本書の編集にあたって多大なご尽力をいただいた慶應義塾大学出版会の木内鉄也氏と近藤幸子氏の両名に、さらには3か月にわたる講義に伴走し、現場の議論を深め活性化するのに貢献してくれた受講者諸氏に、厚く御礼申し上げる。

2020年4月

西尾　宇広

　　　極東証券寄附講座「生命の教養学」2019年度企画委員
　　　　　荒金　直人（理工学部　准教授、哲学・科学論）
　　　　　高山　　緑（理工学部　教授、心理学）
　　　　　西尾　宇広（商学部　准教授、ドイツ文学：委員長）
　　　　　沼尾　　恵（理工学部　准教授、政治理論・政治思想史）
　　　　　坂内　健一（理工学部　教授、整数論・数論幾何）
　　　　　伏見　岳志（商学部　教授、環大西洋・ラテンアメリカ史）
　　　　　松原　輝彦（理工学部　准教授、生体分子化学）

（五十音順、職位は当時）

目　次

「生命の経済」という視点からみた人間の特異性
「協力の哲学」に向けて

田中泉吏

（たなか　せんじ）慶應義塾大学文学部准教授。
1980年生まれ。2008年京都大学大学院文学研究科
博士課程研究指導認定退学。博士（哲学、慶應義
塾大学）。専門は、科学哲学。著書に、『生物学の
哲学入門』（共著）勁草書房、2016年、『モラル・
サイコロジー』（共著）春秋社、2016年、『入門
科学哲学』（共著）慶應義塾大学出版会、2013年
等がある。

はじめに

みなさん、こんにちは。文学部の田中です。私の専門は「科学の哲学」と呼ばれる分野で、そのなかでも「生物学の哲学」を中心に研究しています。近年の私の関心は、最も広い意味で生物学的に（私たち人間自身を含む）世界を理解することと、それに向けて生物学的な思考を研ぎ澄ませていくこと、この2点に集中しています。

さて、今年度の授業のテーマは「生命の経済」ということですが、一見関係のなさそうな「生命」と「経済」のあいだには、どのようなつながりがあるのでしょうか。

18世紀スコットランドの哲学者デイヴィッド・ヒュームの主著に、『人間本性論』（1739-40年）というものがあります。「人間の本性」を理解するということは、古くから哲学のテーマとなってきました。私の興味は、その「人間の本性」を最も広い意味において生物学的に理解することにありますが、じつはその理解の仕方のなかには、すでに経済学的な視点が含まれています。他方で、人間の経済活動を理解するために生

物学的な思考が不可欠であるということは、これまでさまざまな論者によってたびたび指摘されてきました。

　今回の講義では、まず、「生命」と「経済」のあいだにある非常に密接な関係性を強調します。次に、「協力」という概念の重要性を確認し、そのうえで人間の協力を他種の協力と比較しながら、人間の特異性についてあらためて考えてみたいと思います。

1．「生命の経済」という視点

●生物学と経済学のあいだの影響関係

　「生命」と「経済」のあいだに密接な関係があるということは、生物学と経済学のあいだに相互の影響関係があることからもわかります。まずは経済学から生物学への影響をみてみましょう。

　みなさんはチャールズ・ダーウィンをご存知でしょう。『種の起源』（1859年）で進化論を主張し、生物進化のメカニズムとして「自然選択」を提案した人物ですね。また、彼の『人間の由来』(1871年)は「協力の進化」を論じているという点で、今回の授業の内容にも関係します。さて、このダーウィンが自然選択説に至る過程で、トマス・マルサスの『人口論』（1798年）の影響があったということは有名な話です。すなわち、マルサスの強調した「資源の希少性」や「競争」という経済学の主要概念は、ダーウィンによって「生存闘争（生存競争)」に翻案されたというわけです。また、先ほど名前を挙げたヒュームの年下の友人で、経済学者・倫理学者のアダム・スミスがダーウィンに与えた影響も見逃せません。彼の経済学書『国富論』（1776年）における「見えざる手」の理論はいうまでもありませんが、倫理学書『道徳感情論』（1759年）における「共感」の理論は（あとで触れるように）人間に特異な協力について考察する現代の進化研究のなかでも言及されていて、注目に値します。

経済学はダーウィン以降も生物学に影響を与え続けています。理論的な研究から一つ挙げますと、進化生物学者のジョン・メイナード゠スミス（『進化とゲーム理論』、1982年）は経済学のゲーム理論を動物行動の研究に応用しました。野外研究からはベルンド・ハインリッチの『マルハナバチの経済学』（1979年）を挙げておきましょう。

　次に、生物学から経済学への影響をみてみましょう。先ほど登場したダーウィンの進化論は、翻って経済学に影響を及ぼしました（それだけでなく、哲学をはじめとした人文系の学問にも強い刺激を与えました）。ソースティン・ヴェブレンの『有閑階級の理論』（1899年）は、みなさんも題名を耳にしたことがあると思いますが、副題を知っている人はいるでしょうか。じつは「制度の進化に関する経済学的研究」というもので、ダーウィン進化論の影響を色濃く受けています。20世紀に入ると「進化経済学」という分野も登場します。例えば経済学者のジェフリー・ホジソンは、『進化と経済学——経済学に生命を取り戻す』（1993年）という示唆的な題名の本を書いています。

　生物学と経済学のあいだの相互の影響関係を示す例は枚挙に暇がありませんので、これくらいにしておきましょう。

●普遍経済学

　ここで問題にしたいのは、次のことです。生物学と経済学のあいだでは、なぜこんなにも概念や理論が相互に自由自在に行き交っているのでしょうか。一部の研究者によれば、それは偶然ではなく、生物学と経済学のあいだには類似性、いやむしろ同型性があり、抽象的・一般的なレベルにおいて両者は同一の学問分野の異なる部門であるとさえいえるため、ある意味当然のことなのです。

　例えば著名な経済学者のジャック・ハーシュライファーは、「生物学的観点からみた経済学」という論文のなかで次のように述べています。

ある観点からみると、人類の研究を目的とする社会科学のさまざま
　　な分野はすべて、社会生物学という包括的な分野の一部門にすぎな
　　い。［中略］しかしながら経済学と社会生物学のあいだには、経済
　　学は高等哺乳類に属す一種における社会行動の一部を研究するもの
　　であるという単なる事実を超えた、ある特殊な結びつきがある。経
　　済学と社会生物学において採用されている支配的な分析体系を根本
　　的にまとめあげている諸概念は著しく類似している。（Hirshleifer
　　1977, pp. 1-2. 圏点は原文イタリック）

このすぐあとでハーシュライファーの挙げる「諸概念」には、希少性、
競争、特殊化、分業などが含まれます。そして彼は「ある特殊な結びつ
き」が単なる類似性ではなく、同型性であると強調します。

　　より体系的に考えれば、経済学と社会生物学のあいだの同型性には、
　　絡み合った2つの分析レベルが含まれる。第一のレベルにおいては、
　　作用する単位や実体は、所与の環境において優位をめぐる闘争や競
　　争での成功を促進する戦略を選んだり、技術を発展させたりする。
　　経済学者は通常この過程を「最適化」と呼び、生物学者は「適応
　　（adapting）」と呼ぶ。用いられる形式化は制約つき最大化方程式で
　　ある。第二の、より高次のレベルの分析では、闘争する単位や行為
　　者の相互作用の社会的または集合的結果が考察される。その形式化
　　は均衡式のかたちをとる。（前掲論文、p. 2）

この論文の最後で、ハーシュライファーは希少性、競争、特殊化、分業
などの諸概念を中心とする一般的な研究分野に「普遍経済学」という名
前をつけています。彼によれば、通常の意味での生物学と経済学は普遍
経済学の下位部門であり、それぞれに「自然経済学」と「政治経済学」

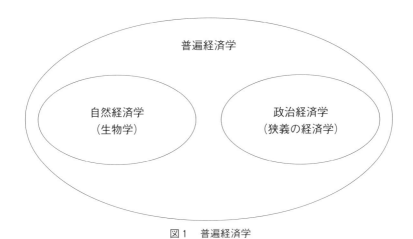

図1　普遍経済学

いう呼び名も与えています（前掲論文、p. 52および図1参照）。

　この「普遍経済学」というアイデアに賛同する生物学者がいます。マイケル・ギセリンという、生物学の哲学や歴史にも詳しい研究者です。彼によれば、普遍経済学とは「資源の入手可能性と利用が、組織化された存在の構造と活動にどのようにして影響を及ぼすのかということについての研究である。」（Ghiselin 1987, p. 22）端的にいえば、それは「資源の科学である。定義によりそれは社会科学ではなく、ビジネスとはなんら必然の結びつきをもたない。我々はむしろ生物が時間やスキルを含む資源を獲得し、分配する仕方に関心がある。」（Ghiselin and Groeben 2000, pp. 273-274）「普遍経済学」は文字通り「普遍的」なのですから、生物学者の側からのこうした定式化がおこなわれることは、少しも不思議ではありません。

　ここで誤解しないでいただきたいのは、「普遍経済学」が単なるアナロジーやメタファーではない、ということです。これについてはギセリンも次のように念を押しています。

普遍経済学の諸分野のあいだの類似は、メタファーによるものでも、
　　単なるアナロジーによるものでもない。もしもメタファーやアナロ
　　ジーによるものなら、異なる種類の対象を経済学的観点から研究す
　　ることは、発見に役立つ以上の利点をもたないだろう。もちろん発
　　見法的な価値は存在するし、それはこのアプローチを正当化してく
　　れる。［だが］ここで根本的に重要なのは、異なる種類の研究対象
　　はすべて同じ基本的な自然法則に従うということであり、詳細や特
　　殊条件に関してのみ異なっている、ということである。(Ghiselin
　　1987, p. 23)

　つまり、生物学と経済学のあいだには、単なるアナロジーやメタファー
を超えた統一性があるのです。そして両者を統一する「基本的な自然法
則」を表現するキーワードを経済学風にいえば「資源の希少性」や「競
争」となり、生物学風にいえば「自然選択」や「進化」となるわけです。

●普遍ダーウィニズム

　狭義の経済学と生物学を統一する分野を「普遍経済学」と呼ぶ代わり
に、「普遍ダーウィニズム（普遍ダーウィン主義）」と呼ぶ流派もありま
す。統一分野それ自体は普遍的であり、狭い意味での経済学とも生物学
とも違うわけですから、どちらの呼び方をしても本質に違いはないでし
ょう。「普遍ダーウィニズム」を主張する研究者たちは、生物学と経済
学の統一原理を（経済学ではなく）進化論の用語によって表現すること
を好むという点だけが違うともいえます。普遍的な意味での進化論や生
物学が、経済学だけでなく人文・社会科学全般の基礎として有効である
という考えの持ち主には、生物学者のリチャード・ドーキンス（『利己
的な遺伝子』、1976年）や哲学者のデイヴィッド・ハル（『過程としての
科学』、1988年）、ダニエル・デネット（『ダーウィンの危険な思想』、
1995年）、経済学者では先ほど名前を挙げたホジソンなどがいます。

さて、この流派の一人であり、『経済変化の進化理論』（1982年）という本をリチャード・ネルソンと一緒に書いているシドニー・ウィンターという経済学者は、次のように述べています。

　「自然選択と進化は生物学の特殊な目的のためにつくられた概念で、経済学の特殊な目的にもひょっとしたら流用できるものかもしれない」と考えるべきではない。むしろ、それらは生物学や経済学やその他の社会科学が不自由なく共有できる新たな概念構造の枠組みの基本要素であると考えるべきである。（Winter 1987, p. 617）

先ほど解説した普遍経済学と同様の考え方であることは、いうまでもないでしょう。ですが念のため、この文章は次のようにパラフレーズできるということを確認しておきたいと思います。

　「資源の稀少性や競争は経済学の特殊な目的のためにつくられた概念で、生物学の特殊な目的にもひょっとしたら流用できるものかもしれない」と考えるべきではない。むしろ、それらは生物学や経済学やその他の社会科学が不自由なく共有できる新たな概念構造の枠組みの基本要素であると考えるべきである。

　普遍経済学と普遍ダーウィニズム。いずれにおいても、異なる背景をもつ研究者たちのたどり着いた結論は同じでした。すなわち、生物学と経済学は根本的なレベルにおいては同一の分野であり、それゆえ両者が基本概念を共有し、歴史的に双方の概念や理論を融通し合ってきたのも、けっして偶然ではないのです。

2．人間の特異性：高度な協力

●競争と協力

　今概観した普遍経済学の基本概念には競争と分業が含まれていました。ところで、分業は協力の一形態ですよね。そうすると、生命と経済を統一的に理解する視点には、競争と協力の両方が含まれることになります。

　このようにまとめると、次のような反論をする人がいるかもしれません。「競争と協力は対立する概念であるから、両者がひとまとまりになって統一的な視点を提供するなどあり得ない。ダーウィンの自然選択説からもわかるように、協力よりも競争の方が根本的な原理というべきではないか。協力が重要といえるのは、協力をする集団の方がしない集団よりも集団間の競争において有利になるという、その限りにおいてであろう。」これはいわばマルサスとピョートル・クロポトキン（『相互扶助論』、1902年）を比べて、後者よりも前者の方が進化論の本質を捉えている、といっているような反論です。

　じつは私自身が、ちょっと前までこのような考え方をしていました。協力の重要性を殊更に強調する生態学者に対して、同じような反論をしたことがあるのです。しかし最近になって、すぐあとで述べるようなきっかけから、違った考え方をするようになりました。それはおおよそ次のような考え方です。協力が一切存在しなければ、そもそも競争をする主体が成立しません。協力があるおかげで、初めて競争が可能になるのです。ここで、「協力」は（競争と同様に）きわめて広い意味で捉えています。すなわち、「他者と共に相互に利益をもたらす活動に従事すること」というような意味で、意図の共有などを条件として含んではいません。協力をこのようにきわめて広い意味で捉えれば、競争に加えて協力も生命と経済の両者に共通する根本的な原理であるということができるでしょう。このとき、競争と協力は対立するのではなく、相互補完的なものとして理解されています。つまり、競争は協力によって可能にな

表1　生命進化にみられる5段階の協力関係の進化

1	DNA、RNA、タンパク質、脂質膜などの分子間の協力による細菌の進化
2	細胞内に取り込んだ細菌と取り込まれた細菌の協力による真核細胞の進化
3	真核細胞同士の協力による多細胞生物の進化
4	血縁のある多細胞生物間の協力による社会性の進化
5	血縁のない多細胞生物間の協力による社会性の進化

出典：市橋（2019）145頁

りますが、協力をするのは競争において有利になるためなのです。

●生命進化の原動力としての協力

　私がこのように考えを改めたのには、あるきっかけがあります。市橋
伯一さんという生物学者の著した『協力と裏切りの生命進化史』（光文社、
2019年）という本がそれです。新書なので読みやすく、お勧めします。
この本のなかで著者は、協力こそが生命進化の原動力であると主張しま
す。そして、生命進化には表1のような5段階の協力関係の進化がみら
れるといいます。

　じつはこの主張には元ネタがあって、先ほど名前を挙げたメイナード
＝スミスとエオルシュ・サトマーリによる『進化する階層──生命の発
生から言語の誕生まで』（1995年）がそれです。ですが、こちらよりも
市橋さんの5段階の説明の方がこの授業の流れのなかではわかりやすい
ので、それに依拠して話を進めます。

　生命の進化を飛躍的に促進するきっかけがあったという主張自体は、
それほど珍しいものではありません。みなさんも、上の2番から5番ま
でについては、表現は異なっていても、どこかでその重要性を強調する
文献を読んだことがあると思います。私もそうでしたが、1番について
は初耳でした。また、「分子間の協力」という表現は非常に刺激的です。
著者は特に気にすることなく使っているのかもしれませんが、動物行動
学の分野では、「「協力をする」といえるのは人間だけで、最も近縁なチ

ンパンジーでさえも（あたかも協力をしているかのようにみえても）実際は協力をしているとはいえない」と主張する論者もいます。もちろん、そのように考えられてしまうのは「協力」を非常に狭い意味で使っているからなのですが、広い意味の「協力」であっても、それを分子というモノにまで適用するのは、擬人主義の極致といえるでしょう。しかし、生命の進化を統一的に捉えるためには、このような大胆な思考の展開が必要なのかもしれませんね。（時間の関係で詳しく触れることはできませんが、協力の高度化が進化を推進するということは、生命の歴史だけでなく、経済の歴史においてもみられる特徴です。例えば、交換や取引が個人間でしかおこなわれない段階から集団間でもおこなわれる段階になると、経済の規模や複雑性の飛躍的な増加が期待できます。これは協力の普遍的な重要性を示していると考えられます。）

●生命の誕生を促した協力

　ここでは耳慣れない「分子間の協力」について、市橋さんの解説に基づいて少し詳しく説明をしておきたいと思います。「分子間の協力による細菌の進化」とは、言い換えれば生命の誕生は分子間の協力によって可能になったということですから、生命進化における協力の根本的な重要性を裏づける事実だということもできます。では、具体的にどのような協力が生命の誕生を促したのでしょうか。

　まず、細胞の中ではDNA、RNA、タンパク質、脂質膜などのさまざまな分子が協力をして生命を維持しています。これはきわめて完璧な協力であり、いずれかを欠いた原始的な生命体は存在しないそうです。しかし、これらの分子が勢ぞろいで完璧な協力をしている生命体が最初にいきなり誕生したとは考えにくいですよね。では、最初の生命体はどのようにして誕生したのでしょうか。

　一昔前までは、この問いに対する有力な答えといえば「RNAワールド仮説」でした。RNAワールド仮説では、一部のRNAは遺伝情報を

運ぶだけではなく、酵素のように触媒としてもはたらくので、そうしたRNAが生命に必要な役割のすべてを担っていた世界が原始の地球に存在した、と考えます。これは一見もっともらしい仮説ですが、次のような問題点があります。タンパク質の材料であるアミノ酸は原始の地球を再現した実験でよくつくられるそうですが、RNAの材料である糖や塩基がつくられることはめったにないため、そもそも原始地球にRNAが存在したのかが疑問視されているのです。また、仮に糖や塩基がつくられても、それらを包んでおく細胞膜がなければ拡散していってしまいます。しかし、細胞膜の成分である脂質を合成できるRNAは存在しない（少なくとも知られていない）そうです。どうやらRNAワールド仮説だけで生命の誕生を説明するのは難しそうですね。

　そこで登場するのが「タンパク質ワールド仮説」と「脂質ワールド仮説」です。これらは、RNAワールドよりも前に、原始的なタンパク質や脂質からできたタンパク質ワールドと脂質ワールドが原始地球にあったと主張する仮説です。先ほど述べたように、アミノ酸は原始地球で起こり得るさまざまな反応でつくられます。また、脂質分子（脂肪酸など）も原始地球で合成が可能だったようです。これらの新しい仮説に基づくと、タンパク質ワールドと脂質ワールドは原始地球のなかで並行して進化してRNAの材料をつくり出し、RNAワールドを生み出したと考えられます。そしてその後3つのワールドを構成する分子のあいだの協力によって、最初の生命体が誕生したというわけです。このシナリオが正しいとすれば、生命はその起源からして協力が不可欠だったということができます。

●人間の協力の特異性

　私はここで、生存競争が生命の進化を促す重要な要因であるという主張に異論を差し挟んでいるわけではありません。私が強調したいのは、生命進化において新たな道筋を開く（メイナード゠スミスとサトマーリ

の言葉を借りれば「進化的移行」、ドーキンスの言葉を借りれば「進化可能性の進化」を可能にする）のは協力である、ということなのです。そして、協力は生命の誕生を可能にするほど生命にとって根本的に重要な要因であるということは、先ほど確認しました。

　5段階の協力関係の進化（表1）をもう一度確認すると、生物は段階的に協力関係を発展させてきたことがわかります。その最先端に位置するのが「血縁のない多細胞生物間の協力による社会性の進化」であり、これを文句なく成し遂げているといえるのは私たち人間だけです。そしてこの段階にまで達した協力は、それまでの協力とは一線を画すほどに、きわめて高度なものとなっています。私たち人間は非血縁者とも密接に協力することで文明を築き上げ、結果として全地球規模で生態系に不可逆的な変化をもたらしてしまうほど、生物界において異質な存在となっているのです。

　ここでは、人間は血縁者だけでなく非血縁者とも協力するというように、協力の対象の拡大に注目していますが、人間の協力の特異性はもちろんそれだけではありません。一つ前の段階、すなわち「血縁のある多細胞生物間の協力による社会性の進化」と比べてみましょう。これを成し遂げた生物の例としては、アリやハチ、シロアリなどの真社会性昆虫がよく挙げられます。図2はシロアリの築き上げたシロアリ塚です。シロアリのような小さな昆虫が、よくもこれほどまでに大きくて複雑な構造物をつくり上げるものだと、感心してしまいます。ビーバーのダムなどもそうですが、こうした生物のつくる複雑な構造物は、人間のそれに引けを取らないほど高度な機能を実現しています。しかし、シロアリやビーバーの協力と人間の協力とのあいだには、大きな違いがありますよね。シロアリはシロアリ塚しかつくれず、ビーバーはダムしかつくれませんが、人間はビルでもダムでも宇宙ステーションでもなんでもつくれてしまいます。つまり、人間の協力は非常に柔軟で、応用が利くのです。

図 2　シロアリ塚
（Photo: Bengt Olof ÅRADSSON taken in Somalia. Wikipediaより）

そしてそうした協力こそが、肉を切り裂く鋭い爪も、空を舞い飛ぶ翼ももたないひ弱な生物が、ここまでの成功を収めることのできた秘訣であるといっても過言ではないでしょう。

●非血縁者との協力とその基盤

　人間は非血縁者とも柔軟な協力関係を築けるという点で他種とは一線を画し、またそうした協力関係のおかげで大型の哺乳類としては桁外れの個体数を誇るほどの大成功を収めることができました。ところで、ここまで「非血縁者との協力」と一口にいってきましたが、それには少なくとも２種類の関係があります。一つは、面識があり、普段から付き合っている非血縁者との協力関係。もう一つは、血縁関係がないのはもちろん、面識もなく、名前すら知らない赤の他人との協力関係。まずは前者からみていきましょう。

　明治12年１月25日に開かれた「慶應義塾新年発会」で、福澤諭吉は次

図3　社中の協力

出典：福澤（1879）

のように述べました（図3参照）。

　　慶應義塾の今日に至りし由縁は、時運の然らしむるものとは雖ども、
　　之を要するに社中の協力と云はざるを得ず。其協力とは何ぞや。相
　　助ることなり。創立以来の沿革を見るに、社中恰も骨肉の兄弟の如
　　くにして、互に義塾の名を保護し、或は労力を以て助るあり、或は
　　金を以て助るあり、或は時間を以て助け、或は注意を以て助け、命
　　令する者なくして全体の挙動を一にし、奨励する者なくして衆員の
　　喜憂を共にし、一種特別の気風あればこそ今日までを維持したるこ
　　となれ。（福澤　1879年）

　慶應義塾が今日まで続いているのは、社中、すなわち教職員や学生、
卒業生などの義塾関係者一同が協力し、相互扶助の関係を築いてきたか

らだ。その協力の仕方はさまざまだが、みながあたかも血を分けた兄弟であるかのように一致団結して協力をしてきた。おおよそこのようなことが述べられているわけですが、注目したいのは、単なる協力ではなく、「あたかも血縁者間でおこなわれるような協力」というように、わざわざ表現されている点です。人間以外の生物も非血縁者間で協力することがあるかもしれませんが、それは多くの場合、血縁者間の協力よりも程度の劣るものでしょう。しかしながら人間は、非血縁者同士であっても、血縁者同士と同じくらいか、場合によってはそれ以上に緊密な協力関係を築くことができます。みなさんも、身に覚えのあることではないでしょうか。

　このようなことが、なぜ人間にはできて、他の生物にはできないのでしょうか。答えの一つは人間の心にあります。私たちの心は、遠い祖先の昔から、非血縁者に対しても血縁者と同様の態度を取ることができるように進化してきたのです。高名な経済学者のサミュエル・ボウルズとハーバート・ギンタスは、『協力する種』（2011年）という本を書いていますが、題名の「協力する種」というのは、もちろん人間を指しています。この本の第1章の最初に、アダム・スミスの『道徳感情論』第一部第一篇冒頭からの引用があります。

　　人間がどんなに利己的なものと想定されうるにしても、あきらかにかれの本性のなかには、いくつかの原理があって、それらは、かれに他の人びとの運不運に関心をもたせ、かれらの幸福を、それを見るという快楽のほかにはなにも、かれはそれからひきださないのに、かれにとって必要なものとするのである。（アダム・スミス　2003年、23頁）

ボウルズとギンタスは、ここでスミスが注目を促している「共感」のよ

うな道徳感情こそが人間の高度な協力を可能にするものであると主張し、協力とその背後にある道徳感情の進化のメカニズムを解き明かそうと、分野横断的な研究をおこなっています。

　道徳感情を含む私たちの心のさまざまな特徴が、協力を中心に構成される社会環境のなかでかたちづくられてきた社会的な産物であるという観点は、現代の心理学や哲学のなかで広く共有されている考え方です。心理学からはジョナサン・ハイトの『社会はなぜ左と右にわかれるのか』（2012年）を、哲学からはキム・ステレルニーの『進化の弟子』（2012年）とジョセフ・ヒースの『啓蒙思想2.0』（2014年）を紹介しておきます。ハイトとステレルニーは感情に焦点を合わせ、ヒースは理性を重視するという違いはありますが、人間の心の成り立ちにおける社会的側面を強調する点では共通しています。

　さて、ここでもう一度、みなさんにとってなじみの深い「社中の協力」に話を戻しましょう。明治12年の慶應義塾であれば、教職員も学生もお互いにある程度面識があり、血のつながりはなくとも実の兄弟のように共感し合いながら付き合うということは可能だったのかもしれません。しかし、現在の慶應義塾のような巨大な組織となると、話はそう簡単にはいきません。一人の教員の把握できる学生の数には限りがありますし、すべての教員の名前と顔を覚えている職員は一人もいないと思います。みなさんも、自分の履修している授業の教員や同じクラスやサークルの仲間を除いては名前も顔もほとんど知らない、というのが実状でしょう。しかし、それでも慶應義塾は一つの社中として協力し、うまく機能しているように見えます（さらにいえば、慶應義塾と一口にいっても、そのなかには複数の組織が存在しており、「社中の協力」には個人間の協力にとどまらず、組織間の協力が重要なウェイトを占めています。このような集団間の協力も、人間に特異な協力の一側面ということができるでしょう）。

これはなにも慶應義塾に限った話ではなく、現代の文明社会に生きる私たちはみな、日々名前も知らない見知らぬ他人に財産や生命を預けて安心して暮らすことができています。例えばみなさんは銀行にお金を預けていますよね。しかし、それをだれかに盗まれてしまうのではないかと毎日不安に駆られている人はいないでしょう。電車に乗るときは運転手や鉄道会社のシステム（を管理する人たち）に生命を預けているのですが、彼（女）たちを監視して自分の安全が保たれているかどうかの確認をしないと気が済まないという人も、まずいないと思います。しかし、よくよく考えるとこれは不思議なことです。兄弟姉妹や友人でも信用できない場合があるのに、赤の他人に大事な財産や生命をすべて任せて、なぜ安心していられるのでしょうか。経済学者のポール・シーブライトは、それは私たちが見知らぬ他人を信頼して生活することを可能にする種々の「制度」があるからだと喝破しました。私たち人間に特異な協力は、私たちに特異な「協力する心」だけでなく、こうした協力のための社会制度によっても可能になっているのです。

　ちなみに、シーブライドの著作の題名（原著）は『ザ・カンパニー・オブ・ストレンジャーズ』（2004年）という印象的なものですが、先ほどの「社中」は「カンパニー」の訳語だということをご存知でしょうか。シーブライトの表現を借りれば、私たちは「見知らぬ者たちの社中」というわけです。これが「生命の経済」という視点から捉えた人間の特異性であるといっても間違いはないと思います。

　「カンパニー」は現在では「会社」と訳されることが多いですが、会社は複数の人間が協力してつくる経済主体ですよね。経済活動をおこなううえで協力は必要不可欠ですが、それは生命活動においても同様である、ということは先ほど述べました。しかし、繰り返しになりますが、人間は見知らぬ非血縁者とも協力をしているという点で、他種からかけ離れた特異な存在となっているのです。

おわりに

　これまでの内容を振り返ってみましょう。まず、生物学と経済学は共通する原理をもち、それには競争と協力の両方が含まれるということを確認しました。競争と協力は人間の経済活動を理解する鍵となるだけでなく、生命の活動や進化を理解するうえでも基本となる概念です。協力に的を絞ったとき、それは生命の進化を新たなステージへと導く原動力であると言うことができます。その進化の最先端に位置する人間の協力を、生命界全体のなかで比較してみると、非血縁者との協力という点できわめて特異であり、またその特異な協力を可能にする特異な心や制度があるということがわかりました。

　ところで、今回の授業の内容は、あまり「哲学的」な感じがしなかった（むしろ科学に近い）、という印象をもった人がいるかもしれません。しかし、「人間の本性」の探究という意味では古くからの哲学的テーマの直接の延長線上にありますし、過去の偉大な哲学者たちもそれぞれの時代の最先端の科学的知識をもとに考察を進めてきたということを踏まえると、少し大仰ですが、これこそが哲学の王道であるといっても過言ではないと思います。

　「人間とは何か」を理解しようとしたときに、特定の分野の研究を専門的に推し進めるだけでなく、複数の分野にわたる広範な知識を総合することが必要になります。今回の講義では、そのような総合のかなめとして「協力」に焦点を合わせました。というのも、協力こそが「人間の本性」を理解するためのキーワードになると考えたからにほかなりません。そうした意味では、今回の講義はいわば「協力の哲学」を志向したものだった、ということができるでしょう。みなさんも、普段の暮らしのなかで自分が誰かと協力をしていると思ったときには、ぜひ今回の内容を思い出して、協力の意義についてあらためて考え直してみてください。

引用文献

Ghiselin, M. T. (1987) Principles and prospects for general economy. In Radnitzky, G. and Bernholz, P. (eds.) *Economic Imperialism: The Economic Approach Applied Outside the Field of Economics* (Paragon House, New York), pp. 21–31.

Ghiselin, M. T. and Groeben, C. (2000) A bioeconomic perspective on the organization of the Naples Marine Station. In Ghiselin, M. T. and Leviton, A. E. (eds.) *Cultures and Institutions of Natural History: Essays in the History and Philosophy of Science* (California Academy of Sciences, San Francisco), pp. 273–85.

Hirshleifer, J. (1977) Economics from a biological viewpoint. *Journal of Law and Economics* 20: 1–52.

Winter, S. G. (1987) Natural selection and evolution. In Eatwell, J., Milgate, M., and Newman, P. (eds.) (1987) *The New Palgrave Dictionary of Economics*, vol. 3 (Macmillan, London), pp. 614–27.

アダム・スミス『道徳感情論』上（水田洋訳）岩波書店、2003年

市橋伯一『協力と裏切りの生命進化史』光文社、2019年

福澤諭吉『福澤文集二編』1879年。https://www.keio.ac.jp/ja/about/history/encyclopedia/36.html

I
心と体の経済学

なぜ体は〈無駄〉だらけなのか？
タンパク質の翻訳後修飾

清水史郎

（しみず　しろう）慶應義塾大学理工学部教授。
1971年生まれ。慶應義塾大学大学院修了。博士
（工学、1998年慶應義塾大学）。専門は、糖質科学、
ケミカルバイオロジー。著作に、Mutations in
the *Plk* gene lead to instability of Plk protein in
human tumour cell lines. Nature Cell Biol. 2,
852-4（2000）、A small-molecule inhibitor shows
that pirin regulates migration of melanoma cells.
Nature Chem. Biol. 6, 667-73（2010）、Identification
of DPY19L3 as the *C*-mannosyltransferase of
R-spondin1 in human cells. Mol. Biol. Cell 27,
744-56（2016）等がある。

1．生命は無駄だらけ？

　私の主な研究テーマは、「細胞におけるタンパク質の翻訳後修飾の意
味」についてです。みなさん、いきなり「タンパク質を翻訳したあとに
修飾する」といわれても困るでしょう。しかし、じつはこの機能が私た
ちの体を守る重要な働きをしています。本章では、この「タンパク質の
翻訳後修飾」を題材に、人体の経済性・効率性について考えてみたいと
思います。はたして、私たちの体は非効率で不経済にできているのか、
あるいは非常に効率的・経済的なのでしょうか。

●細胞は自殺する？

　私は慶應義塾大学の大学院時代に、「アポトーシス」、すなわち「細胞
の自殺機構」の研究をしていました。アポトーシスとは不要な細胞を除
去するためのシステムで、これが破綻すると、さまざまな病気になって

しまいます。私たちの体は約37兆個もの細胞からできており、そのほとんどは、アポトーシスを実行させるための「実行タンパク質」と、抑制させるための「阻害タンパク質」をもっています。

　今この瞬間にも、私たちの体内ではアポトーシスがたくさん起こっています。しかしそれは「わずかしか起こっていない」ということもできます。例えば、私たちの体は血液の凝固に関わるタンパク質を非常に多く用意していますが、それらはあまり使われることはありません。アポトーシスは、「体にとってこの細胞を除去した方がいい」と判断したときに初めて作動し、それによって私たちの体を正常な状態に保ちます。つまり、ある種のバックアップシステムなのです。そして体内のアポトーシス「実行タンパク質」・「阻害タンパク質」のうち、実際に作動しているのは全体のごく一部にすぎないのです。

　このように、生物の個体のなかには「あるけれど、使われていない」という意味での「無駄」が結構あり、私たちはこの無駄を維持するために大量のエネルギーを使っています。ある試算によると、人間の脳はATP（アデノシン三リン酸）というエネルギー供給源を1日に体重と同じぐらい生産・消費しているそうですが、これらのうちのいくらかは「使わない組織」のために使われているといえるでしょう。

　ずいぶん不思議な機能ですが、2002年、この「アポトーシス」について研究したシドニー・ブレナー（Sydney Brenner）、ハワード・ロバート・ホロビッツ（Howard Robert Horvitz）、ジョン・エドワード・サルストン（John Edward Sulston）という3名の研究者がノーベル生理学・医学賞を受賞しました。

　例えば、胎児の指のあいだには、水かきのようなものがありますが、これは羊膜を傷つけないためのものだとされています。そして出産が近づくと、水かきのようなものを形成している細胞がアポトーシスを起こし、生まれたあとにはこの水かきが取れてしっかりものをつかめるよう

になります。あるいは、オタマジャクシの尾は泳ぐために必要なものですが、カエルになって陸に上がると、捕食されやすくなるなど、邪魔な存在になってしまうので、アポトーシスを起こしてなくなってしまいます。

　このように、アポトーシスが無駄なものを必要に応じてなくすシステムであるということを解明した結果、3名の研究者はノーベル賞を受賞することになったのです。

　今日では、このメカニズムをうまく作動させることによって、例えばがん細胞にアポトーシスを起こさせる、あるいはアポトーシスによって失われた糖尿病関連の細胞を再生させるなどの研究が進められています。

● 「多様」で「適当」な抗体の世界？

　さて、私たちの体には、もう1つ大きな「無駄」があります。それが「抗体」です。空気中には菌やウイルスがたくさん漂い、私たちはそれを吸い込んでいますが、明日「体がカビだらけになる」とか「カビが原因の病気になる」とかということにはあまりなりません。さまざまな抗原に対応する抗体が体内に存在するからです。抗体はじつに多様性に富んでいます。なかには自己免疫疾患の原因になっている自己反応性リンパ球のように、人間にとってかえって厄介なものも存在します。

　昔から、抗体の存在はなんとなくわかっていました。何か悪いものが入ってきたとき、柔軟性に富んだタンパク質らしきものが指のようにそれを感知して捕まえ、やっつけるのではないかと考えられてきたわけです。例外はありますが、私たちの約37兆個の細胞の一つひとつには約2メートルに及ぶDNAが入っています。しかし全DNAの、わずか2〜3％しか遺伝子がありません。それでも、体の大部分を担うコラーゲンや、髪の毛のケラチンをはじめ、タンパク質は2万5000〜3万種類もあるといわれています。それでは、抗体はどうやってそのような無数ともいえるような多様性を生んでいるのでしょうか。

一昔前までわからなかった抗体の多様性を明らかにしたのが、日本人で初めてノーベル生理学・医学賞を受賞した利根川進博士です。詳細は省きますが、抗体には非常にバラエティに富んだ領域があり、それを掛け算することによって多様性が生まれていることを解明しました。また、変異が起きやすい細胞にしておくことで、さらなる多様性を得たことも明らかにしました。

　体は常にたくさんの抗体を「適当」につくっています。その結果、例えば体に大切なタンパク質に対する抗体もつくってしまいます。もちろん、大切なタンパク質を攻撃されては具合が悪いので、そのような抗体は除去されます。また、この世に存在しない抗原に対する抗体もたくさんつくっています。そして、そうした抗体は除去されずに残り、将来、偶然一致する抗原が現れれば、それに対して働くことになります。

　このように、体はたくさんの抗体をつくりますが、役立つのはごくわずかです。しかし、一見すると無駄に感じるこの免疫のシステムが、結果的には非常に効率よく機能しているのかもしれません。

　これは、火災報知器や消火設備を考えるとよくわかります。ビルを建てるときにはこれらの設備に多額の費用をかけています。完成後もメンテナンスにお金をかけます。それでいて使うことはめったにありません。しかしだれも、それが無駄なことだとは思っていません。万が一の危機に備えるためだからです。

●タンパク質の「翻訳後修飾」とは？

　さて、時代をさかのぼって1972年、クリスチャン・アンフィンセン（Christian B. Anfinsen）、スタンフォード・ムーア（Stanford Moore）、ウィリアム・スタイン（William H. Stein）の３名にノーベル化学賞が授与されました。アンフィンセンは体内にあるDNAから転写されるリボヌクレアーゼ（ribonuclease）というRNA（リボ核酸）を分解する酵素を研究しました。そして、タンパク質は必ず決まった20種類のアミ

ノ酸でできているので、その配列が決まっていれば、自動的に立体構造も決まるのではないか、ということを明らかにしました。

　リボヌクレアーゼは、RNA を分解するために、ある必要な構造を取ります。ところが、これはある処理で不活性化することができます。しかしその処理をやめると、同じ形（構造）に戻りました。したがって、アミノ酸の配列が決まっていれば、自動的にタンパク質の構造が決まるのではないか、ということを証明したわけです。

　この理論は、大きな意味では間違ってはいませんが、今日これをそのまま認める人は多くはありません。その理由が「タンパク質の翻訳後修飾」です。ここで、「翻訳」とはタンパク質ができ上がること、「修飾」とはそのタンパク質になんらかの成分が付加されて科学的な性質が変化することをいいます。つまり、タンパク質が翻訳された（＝アミノ酸の配列に従って構造がある程度決まった）後、あるいは翻訳されている最中に化学的な修飾が起こり、活性がさまざまに調節されることがあるのです。

　そこで、みなさんへの質問です。みなさんは、この「タンパク質の翻訳後修飾」を、経済的に無駄だと思うでしょうか、または効率的だと思うでしょうか。私は正解を述べませんので、自身で考えてみてください。

2．タンパク質に糖が付く？

●N-結合型グリコシル化

　私は、翻訳後修飾のなかでも、主にタンパク質に糖が付加すること（グリコシル化）を研究しています。図1はその一種である「N-結合型グリコシル化（N-glycosylation）」の説明で、イタリック体の N は窒素、C なら炭素、O なら酸素の部分に糖が結合していることを意味しています。

　図1では、アスパラギンという側鎖の窒素（N）の部分に N-アセチ

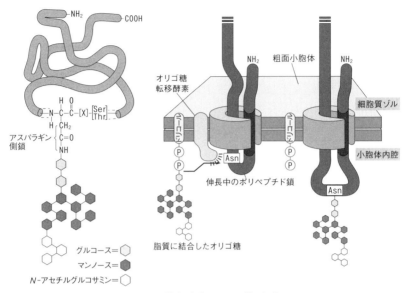

図1　*N*-結合型グリコシル化（1）

出典：Bruce Alberts, et al., *Molecular Biology of THE CELL, 5ed.*, Garland Science.

ルグルコサミン、マンノース、グルコースが付くというかたちで修飾が
起こっています。それでは、なぜこのような「糖修飾」（または「糖鎖
修飾」）が起こるのでしょうか。

　図1右側の、上部が細胞中の小胞体の内部、下部が細胞質です。ここ
で、細胞質は還元状態ですが、小胞体の中は非還元（酸化）状態です。
還元状態ではSH基同士がばらばらでいられますが、小胞体の中のよう
に非還元状態では、ジスルフィド結合します。ですから、還元状態に比
べて、酸化状態はやや特別です。

　図2の左上にあるひも状の物質がタンパク質で、そこに糖が付いてい
ます。カルネキシンは小胞体における糖タンパク質の品質管理を制御す
る、いわばガードマンで、*N*-結合型グリコシル化がしっかりできたか
どうかを見きわめます。グルコシダーゼという酵素によってオリゴ糖が

28

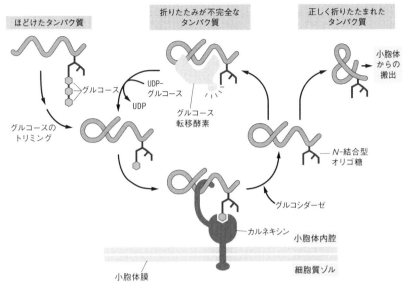

図2　*N*-結合型グリコシル化（2）

出典：Bruce Alberts, et al., *Molecular Biology of THE CELL, 5ed.*, Garland Science.

切り離され、「＆」のように正しく折りたたまれたタンパク質は、右上から出ていきます。正しくなかった、あるいはまだ「＆」になりきれていない場合には、もう1回その末端にグルコースを付けて、再度この反時計方向の回路を回ることになります。

　N-結合型グリコシル化において、糖がたくさん付くことにはいくつかの役割がありますが、その一つとして、タンパク質がしっかりできたかどうかのジャッジに使われることが知られています。アミノ酸の配列が決まれば構造が決まるはずですから、糖など付けずに、小胞体からすぐゴルジ体や細胞の外に出してしまえばいいわけですが、わざわざ糖を付け、難しいタンパク質でもつくれるようにして、ガードマンまで用意して監視をおこなっています。これが*N*-結合型グリコシル化です。

●C-マンノシル化

　ここからが、まさに私がおこなっている研究で、「C-マンノシル化
（C-mannosylation）」と呼ばれます。先ほどのグリコシル化は、「グリ
コ」つまり糖全体が結合しましたが、今度はC（炭素）にマンノースと
いう単糖の一種が結合します。具体的には、トリプトファンというタン
パク質を構成するアミノ酸の中にある炭素とマンノースの炭素が直接結
合しています。

　C-マンノシル化は1994年、スイスのグループが人の尿中からRNA分
解酵素で発見しました。質量分析で、例えば「ここはメチオニンだ」「こ
こがグリシンだ」と決めていったのですが、トリプトファンだけが見当
たりませんでした。「これは何か起こっているのではないか」と疑問を
もったのが研究の発端でした。

　よく見るとグリコシル化が起こっていたのですが、はじめは「どうや
ら糖が付いているらしい」ということしかわかりませんでした。しかし
同グループによる再度の確認で、付加しているのがマンノースだとわか
りました。

　その3年後には、任意のアミノ酸が2つと、トリプトファンまたはシ
ステインがあったとき、N末端側のトリプトファンにマンノースが結合
することがわかりました。加えて、勝手に付くのではなく、酵素によっ
て結合されていることもわかりました。

　さらに研究が進むと、RNA分解酵素だけではなく、免役に関わるタ
ンパク質のインターロイキン12でも結合すること、そして補体（生体が
病原体を排除する際に抗体や貪食細胞を補助する免疫システム〔補体
系〕を構成するタンパク質）の構成因子質群でも起こることがわかりま
した。

　そして2013年、ドイツの研究グループから重要な論文が出されました。
カエノラブディティス・エレガンス（C.elegans）という線虫は、約

1,000個の細胞から成っている小さい多細胞生物ですが、その線虫がもつ「DPY-19」というタンパク質が、トリプトファンにマンノースを移す酵素ではないか、という報告でした。その根拠については、先ほど説明した*N*型のグリコシル化を起こすタンパク質が膜を行き来するパターンと、DPY-19のパターンが非常に似ていたからと説明しています。

●*C*-マンノシル化と遺伝病

　もう一つ、2009年に発表された研究成果をご紹介しましょう。ADAMTSL1というタンパク質が*C*-マンノシル化されたという論文で、例えば「36、39、42、385および445番目のトリプトファンが*C*-マンノシル化される」という内容です。

　2017年、ある家系にADAMTSL1が原因の遺伝病があることがわかりました。先天性の緑内障や奇形も認められます。ADAMTSL1はヒトをはじめ犬やげっ歯類などでは、*C*-マンノシル化されるトリプトファンが保存されています。しかし、この家系では*C*-マンノシル化されるトリプトファンがアルギニンという別のアミノ酸に変わっています。その結果、少なくとも2か所の*C*-マンノシル化されるトリプトファンがなくなることになります。この遺伝子は、両親から1つずつ遺伝してきたうちの一方だけが変異していても、症状が出てしまうのです。

　C-マンノシル化は酵素反応ですから、「する酵素」と「される基質」があります。今、「される基質」について、そこに異常があると病気になるという話をしました。では「する酵素」の方はどうでしょう。

　線虫のDPY-19は1つですが、ヒトでは4つあると考えられており、そのうちの1つ「DPY-19L2」がないと、巨大頭部精子症という不妊の原因になることがわかりました。これは酵素であるDPY-19L2が欠損した結果、酵素活性がなくなり、本来*C*-マンノシル化されるはずのタンパク質が*C*-マンノシル化されなくなり、それでこのような表現型になったと推察されます。

3．さまざまな酵素とC-マンノシル化

●LPLの活性低下原因を解析する

　私たちの研究も少し紹介させてください。私たちのグループでは、ヒアルロン酸を切断する酵素や、トロンボポエチン（血小板の前駆細胞の増殖や分化に関与する造血因子）の受容体も C-マンノシル化されるということを明らかにしました。さらに脂質の代謝に関わっているリポプロテインリパーゼ（以下 LPL）という酵素が C-マンノシル化されるということもわかりました。

　LPL という酵素は、トリグリセリドという中性脂肪の一種を遊離脂肪酸とグリセロールに加水分解する酵素です。大まかに脂質の代謝に関わっていると思ってください。これは、私たち全員がもっているもので、脂肪組織などで合成されて、のちに分泌されます。この LPL の活性が落ちると、脂質がたまり、高トリグリセリド血症や、最終的には動脈硬化を引き起こします。遺伝子の変異がある、なんらかの阻害物質があるなど、原因が明らかな患者もいますが、原因がよくわからない場合もあるそうです。そこで、もしかしたら C-マンノシル化の異常も原因なのではないかと思い、解析を始めました。

　図3の下部を見てください。LPL は475アミノ酸のタンパク質で、アスタリスクで示しているセリンの S159、アスパラギン酸の D183、ヒスチジンの H268は活性中心です。かなり離れて C-マンノシル化のコンセンサス配列があるので、LPL が C-マンノシル化されているのではないかと考えました。

　分析では、まず470以上のアミノ酸からできている LPL タンパク質を大まかに切断します。すでにわかっているタンパク質なので「こういう酵素で切ると、こういう質量で出るはずだ」と推測できるため、それを測定していきます。私たちは C-マンノシル化が起こっているという仮説を立てていましたので、162だけ増えた分をモニターしました。解析

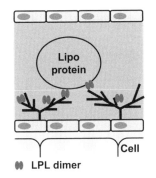

■ 脂肪組織などで合成・分泌されるタンパク質

■ triglyceride → free fatty acid + glycerol
　　hydrolysis

■ LPL 活性の低下は高トリグリセリド血症や
　動脈硬化を引き起こす

■ LPL 活性低下の原因：
　遺伝子変異、阻害物質の発現、…

図3　リポプロテインリパーゼ（LPL）の活性低下原因

　を進めた結果、LPL 中に単糖が付いていそうだと大まかにわかりまし
たので、次に一個一個切っていき、どこに付いているかを解析し、417
番目のトリプトファンに C-マンノシル化が起きていることを明らかに
しました。
　翻訳後修飾の解析では、まずどこに何が結合しているかを探ることが
とても重要です。そして、そこに付いていなかったらどうなるのかにつ
いて比較実験をおこないます。
　まず一方は、普通の状態のもので、野生型と呼びます。もう一方は
417番目のトリプトファンをフェニールアラニンという別のアミノ酸に
替えた場合です。形は似ていますが、糖は絶対に付きません。この両者
を比較するわけです。
　その結果、トリプトファンにマンノースが付かないと、野生型に比べ
て圧倒的に量が減っていることがわかりました。それにともない細胞の
中にたまっているのもわかります。

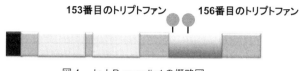

153番目のトリプトファン　　156番目のトリプトファン

図4　ヒトR-spondin1の概略図

　活性については、野生型を1としたとき、変異型は2割程度落ちていることがわかりました。分泌量が落ち、同じ量あたりの活性も落ちているので、マンノースが付かなかったとき、LPLとして体内でどれぐらい活性が落ちるかが、掛け算で出せます。大きな違いがあるということがおわかりいただけると思います。

　LPLはいろいろな病気の原因になりますが、なぜ低下するかわからない部分がまだあります。この研究成果が、その解明の一助になると思っています。

●基質R-spondin1で酵素を探す

　次は、酵素をどのように探したのかについて説明します。先のLPLは1～2割程度しかマンノースが付いていませんでした。よい基質ではないのですが、そういうものにしかめぐり合わなかったわけです。やっと出会えたのがR-spondin1でした。これはほぼ100％、しかも2か所ともマンノースが付くので、非常によい基質であろうと思い解析しました（図4）。

　この解析では、S2というハエの細胞を使いました。「こういう実験をおこないたいときには、この細胞を使う」「あのような実験なら、あの細胞を使う」という割り振りが重要になります。見た目は普通の細胞ですが、培養している温度が違うのと、pHなども変わってきます。そしてこれはC-マンノシル化が起こらないことが知られている、好都合な細胞なのです。

　R-spondin1という基質を入れ、酵素を何も入れなかった場合、当然、

S2細胞は酵素をもっていないので、*C*-マンノシル化されていないピークしか観察されません。ヒトにはDPY19のL1からL4まであり、L3をR-spondin1と一緒に入れたときだけ1か所*C*-マンノシル化されたピークが観察されました。

そして、156番目のトリプトファンに付いているということもわかりました。つまり、R-spondin1は2か所で*C*-マンノシル化されますが、C末端側はDPY-19L3が付けるということがわかったのです。

しばらくあとに、ドイツのグループから似たような論文が出されました。彼らは人工的な基質をつくっていろいろな実験をおこなった結果、DPY19L1はN末端側を、DPY19L3はC末端側を*C*-マンノシル化しやすいという結論にたどり着きました。なぜ、このような特異性があるのか、その理由はまだわかりません。ただ、多くのタンパク質で、ある基質はある特定の酵素しかリン酸化しないこと（つまり特異性）が知られています。

●DPY-19L3の位相構造を探る

最後に、2018年に私たちがまとめた論文から、細胞がとても無駄なことをやっていると思う例をもう一つをご紹介しましょう。

私たちは、DPY-19L3が、ヒトで*C*-マンノシル化を触媒するということを、世界で最初に報告することができました。したがって、これについてはぜひ解析したかったわけです。

タンパク質はメチオニンから始まります。DPY-19L3のアミノ酸は716あります。そこで、いろいろなソフトを活用して、どのような膜貫通をしているかを解析しようと考えました。

方法としては、ガウシア・ルシフェラーゼ（*Gaussia* luciferase：通称Gluc）というタンパク質を使いました。先に述べたように小胞体は酸化状態であり、ジスルフィド結合するのでGlucは活性が出ます。しかし細胞質は還元状態なので、活性が出ません。基質を加えても光らな

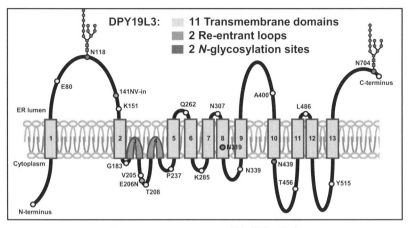

図5　DPY-19L3における位相構造の決定

　いのです。そこで、Glucが還元側にあるか酸化側にあるか、つまり小胞体側にあるか細胞質側にあるかを、簡便に見分けることができます。これは、2013年に私の研究室で、小分子化合物がどこに付加するかを解析するために用いた方法を応用したものです。

　今、「このアミノ酸だったら、このように10か所ぐらい貫通しているのではないか」と予測するソフトがあります。そこで予測される714の中の、さまざまな場所にGlucを入れていき、それがどう変わるかを見ました（図5）。このようにして、「これはおそらく細胞質だろう」「これは小胞体にあるだろう」と予測することができます。

　さらに、アスパラギンをグルタミンという別のアミノ酸に替えてみると、バンドが少し下に行っているのがわかります。これはグリコシル化されているということで、118は小胞体にあることを意味します。704も同様です。そのような方法もとりながら、最終的にDPY-19L3がどのような格好をしているかを明らかにしました。

　結論としては、11か所のこの膜貫領域、つまり小胞体側から細胞質側

に行ったり、細胞質側の方から小胞体に行ったりという場所、そして2か所のリエントラントループ（入口と出口が同じもの）、それから2か所の N-結合型グリコシル化サイトがあることがわかりました。なぜこんな立体にしなければいけないのかも、よくわかりません。この2か所の N-結合型グリコシル化は何も役に立っていないようで、これも無駄なように見えます。

おわりに

　本章の前半では、細胞や個体にとって一見無駄と思われるようなことがどれぐらいおこなわれているかについて説明しました。後半では、「シンプルにアミノ酸の配列が決まれば、タンパク質の構造が決まり、活性も決まる」と思われていたことが、どうやら翻訳後修飾を受け構造が変化するし、その翻訳後修飾も多くの種類があり、しかも翻訳後修飾する酵素も何種類もあることを説明しました。

　そして、異常になったら病気になりますが、ならば酵素をいくつか用意しておけばよいのに、それが用意されていないこと、付ける酵素はあえて複雑な構造をとっていること、そして、とても経済的だとは思えないような現象が、私たちの体内でおこなわれているということなどが、解析によってわかってきたという話をしました。

　本章は「細胞におけるタンパク質の翻訳後修飾」を題材に、私たちの体の仕組みの経済性・効率性を考えてみました。ここで詳しく取り上げた C-マンノシル化は、活性がない状態から結合によって活性を付与する、つまりスイッチをオンにするという意味では、効率がよい仕組みといえるかもしれません。しかし、外す酵素はないことがほぼわかっています。つまりオフにできないのです。そうであるならば、「ほんとうによいスイッチなのか」という疑問が残ります。はたして、私たちの体の仕組みには、それぞれしかるべき理由があって経済的につくられている

のか、あるいは意外に無駄が多いのか、この機会にぜひ考えてみてくだ
さい。そして、C-マンノシル化という不思議な「翻訳後修飾」について
も、興味をもっていただければ幸いです。

参考文献

Niwa, Y., Suzuki, T., Dohmae, N. & Simizu, S. Identification of DPY19L3 as
the *C*-mannosyltransferase of R-spondin1 in human cells. *Mol. Biol. Cell*
27, 744–56 (2016).

Niwa, Y., Nakano, Y., Suzuki, T., Yamagishi, M., Otani, K., Dohmae, N. & Simizu,
S. Topological analysis of DPY19L3, a human *C*-mannosyltransferase.
FEBS J. 285, 1162–74 (2018).

Okamoto, S., Murano, T., Suzuki, T., Uematsu, S., Niwa, Y., Sasazawa, Y.,
Dohmae, N., Bujo, H. & Simizu, S. Regulation of secretion and enzymatic
activity of lipoprotein lipase by *C*-mannosylation. *Biochem. Biophys. Res.
Commun*. 486, 558–63 (2017).

心的エネルギーのダイナミズム
"無意識" に光をあてる

森さち子

（もり　さちこ）慶應義塾大学総合政策学部教授、医学部精神・神経科学教室兼担教授、放送大学客員教授。1963年生まれ。慶應義塾大学大学院社会学研究科修士課程修了。博士（学術、2008年慶應義塾大学）。専門は、臨床心理学、精神分析的心理療法。著書に、『症例でたどる子どもの心理療法』金剛出版、2005年、『かかわり合いの心理臨床』誠信書房、2010年、『子どもの心理臨床シリーズ１〜９』（翻訳）誠信書房、2011年等。

1．臨床心理の現場から

　本章では、「心のダイナミズム」というテーマを軸に、とても身近でありながら、意外にその主体はあまり気づかないでいる「心の中の動き」について取り上げます。そして、普段、私たちが取り立てて意識することなく、知らぬ間に活動している心の動き、すなわち「内的な世界／心のダイナミズム」について考えていきます。

　私は大学の教員としての仕事と並行して、臨床心理の仕事をしています。臨床心理士、公認心理師として、さまざまな心の悩みをもった方にお会いします。

　例えば、小さなお子さんであれば、激しい夜泣きや癇癪で、お父さんやお母さんが困ってしまっているケース。下に弟や妹が生まれたことを契機に、トイレット・トレーニングもスムーズですっかりオムツも取れていたはずの４、５歳のお兄ちゃんが赤ちゃん返りして、お漏らしをするようになってしまったケース。

小学校に上がると、みんなの前で話すと緊張してどもってしまい、恥ずかしくて学校に行くことを拒むようになったケース。あるいは理由はわからないけれど、学校に行くのを嫌がって「登校しぶり」が始まり、朝になると"ほんとうに"お腹が痛くなったり、熱を出したりと、心の問題が体に出てしまうケース。また、家ではおとなしくていい子なのに学校では乱暴者で、先生もその対処に辟易しているケース。

　さらに、思春期（中学生・高校生）になると、自意識が研ぎ澄まされていくなかで、視線をめぐる恐怖を感じて、人目を避けるように引きこもるケースや、「食べる」という摂食行動に、心の問題が現れる摂食障害（eating disorder）、すなわち拒食・過食、あるいは嘔吐を繰り返し、心身が消耗していくケース。心の問題が反社会的な行為に置き換えられ、万引きがやめられなくなってしまっているケース。リストカットをやめることができず、周囲の人びとを翻弄するケース。

　青年期の大学生になると、せっかく希望の大学に入ったにもかかわらず、目的を失い無力感に襲われてベッドから出られなくなるケース。かつて体験したトラウマのために、記憶が部分的に欠けてしまっているように感じられ、自分としての実感がもてないと訴えるケース。みんなから好かれるために、八方美人的に振る舞っているうちに、ほんとうの自分を見失い、自分がやりたいことも曖昧になり、進路が定まらなくなってしまっているケース。また、就職活動に失敗したまま、やり直しがきかず、鬱々とした気持ちのなかで閉じこもりがちになっているケース。愛情を感じていないのに次々に性的な関係性をもってしまうケース……。

　発達プロセスに沿って、幼児から青年期の大学生ぐらいまでの現実適応をめぐる心の問題を、思い浮かぶままに挙げてみました。

　私はこれまでいろいろな方と出会い、さまざまなケースと向かい合ってきました。クライアントから学んだ私自身の臨床体験を踏まえて、本章のテーマである「心のダイナミズム」について説明していきたいと思

います。

　なお、私がここで取り上げる臨床例は、プライバシーを守るために、さまざまなケースを合成したり、事実を少し変更するなど、手を加えていることを前もってお伝えしておきます。

2．無意識へ

●フロイトか？　ユングか？

　みなさんは、「精神分析」という言葉を耳にしたことがありますか。「分析心理学」はどうでしょう。フロイトやユングという名前は、聞いたことがあるかもしれません。2人はともに、人間の最も心の奥深くに入り、内的な世界を見つめた人たちです。

　精神分析は、19世紀末に、オーストリア、ウイーンの医師、ジグムント・フロイトが創始した「心、無意識を探究する」方法です。フロイトが生み出したこの手法の、いわば現代版[1]を用いて、私は、心の問題を抱える人びとに関わり続け、現在に至っています。

　私は大学1年生の頃、慶應義塾大学の日吉キャンパスに通っていました。その大学1年生から2年生の頃は、ユングの分析心理学に強く惹かれていました。フロイトとユングは、一時期交流もありましたが、その後訣別しています。フロイト学派はフロイディアン、ユング学派はユンギアンといい、日本でも2つの学派は心理療法における大きな柱となっています。

　2人がそれぞれに探究した心の世界は決定的に異なります。フロイトはどちらかというと現実と内的な欲求の狭間で悩む、神経症水準の人びとの心の世界に入っていきました。一方、ユングは現実から遊離した幻

1　フロイトが創始した、カウチ（寝椅子）を用いて、週に4、5回おこなう精神分析ではなく、椅子やソファにクライアントとセラピストが座る対面式の構造において、基本的には週1回、クライアントが「心に思い浮かんだことを自由に話せる」安全な環境をつくり出し、50分内面を共に探索していく、精神分析的心理療法。

覚の世界、つまり精神病水準の心の世界に入っていったといえるでしょう。それはとりもなおさず、フロイト自身が神経症を抱えていたこと、一方のユングには精神病体験があったということと密接なつながりがあります。

フロイトは、幼い頃のトラウマ的な体験が尾を引き、大人になってからもめまいなどの身体症状に悩まされていました。その後自己分析を通じて、過去のトラウマにともなう情動体験を受け入れ、その幼少期の傷つきと大人になっても続いていた身体症状のつながりを実感するに至りました。そして心の問題が置き換わっていた身体症状が回復していったという神経症水準にある人でした。

一方、ユングは、一時期みずから精神病を発症し、世界の終焉を迎えるような壮絶な幻覚体験を経験しながらも、そこから脱し、自己実現に向かう個性化の道へ生涯をかけました。すなわち一時的には精神活動に破壊的なことが起こったとしてもその人らしく生きていく道を見出すことを重視した人でした。

このように、例えば「フロイディアンかユンギアンか」「自分がどのような学派に入っていくか」ということを考える際、自身が馴染んでいる、すなわち親和性のある心の世界が関わってきます。私はユングの、ある種劇的でクリエイティブな世界に憧れをもちつつ、その後臨床心理を学ぶ頃、現実との関わりを大切にするフロイト理論を学ぶ選択をしました。

みなさんも、それぞれに大学の学部を専攻し、さらにそのなかでどのような専門的な学問を探求していくかという時に、自身の実感に結びつきやすい理論、あるいは親和性のある領域を選ぶかもしれません。場合によっては自分の性質とはまったく逆の世界にチャレンジする人もいるかもしれません。そのような選択において、その人の「心のダイナミズム」が関わってきます。パートナーなど重要な対象選択においても、同

様のことがいえます。

　自然な心の流れに沿っていくのか、石橋を叩きながら無難に進路を決めていくのか、あるいは自分の慣れ親しんだものに抗いながら、真逆の方向へ突き進んでいくのか——その選択のありようそのものが、その人自身が経験してきた心の歴史に関係しています。換言すれば、どのような外界との関わり方が自分にとって心地よいか、安全であるか、やりやすいか、不安にならないか——そうした心の調整の仕方、すなわち心のダイナミズムと、自身が選び取るものは深く結びついています。

●心の闇

　フロイト時代から共通して現代に引き継がれている精神分析が追究する本質は、「無意識を知ること」、そして「無意識を意識化すること」です。無意識とは、「心の闇」ともいわれています。

　「心の闇」という言葉で思い出されることがあります。ある30代の女性の言葉です。その方は幼少期からずっと、父親から心理的、身体的、そして性的虐待——つまりすべての虐待を受けていました。そのうち、性的な体験にまつわる記憶だけ、"ある時"まですっかり欠落していました。その代わりのように、突然ものすごい腹痛や頭痛に襲われることがありました。その後の心理療法のなかで、その性的トラウマの記憶が徐々に甦ってくる段階を迎えました。

　それ以前の彼女は、お人形さんのように、表情が動かない、ぴんと張りつめたような雰囲気の方でした。のちに彼女は幼少期を振り返り、感情を表にあらわすことが父の暴言、暴力を招くことになったことを話しました。悲しみや怒りだけでなく、喜びもです。泣いたり、怒ったり、そして笑うことも、恐ろしい言動に直結していたので、「幼い頃から、父に感情を奪われてしまっていた」といいます。そう語るなかで彼女は、「私の感情は、"闇"に葬ってしまっていた」と表現したのです。つまり、父親との関係では、感情をもつ自分を捨てざるを得なかったのだという

ことです。一方、そのように自分について語れるようになった段階で、彼女の心は、静かにですが確かに動き出しました。闇に葬っていた感情を少しずつ取り戻しはじめたのでした。

　この方の場合は、闇に捨て去っていた体験が無意識の中で、一部の記憶が途切れるなどの制限や激しい腹痛・頭痛などを引き起こし、彼女の生活や行動に深刻な影響を与えていたのです。本人には自覚されていない無意識的なもの、つまりその気づかれていない "何か" によって、その人の現実的な行動が支配され、決定されていたわけです。精神分析ではこうした捉え方をしています。

　先ほど、発達段階に沿いながらさまざまな例を挙げました。そうしたケースにおいて、多くの場合ご本人は、どうしてそうなってしまうのか自覚できていない状態のなかにいます。

　なぜ発達段階で、一度獲得できたことができなくなってしまうのでしょうか。例えば、排泄のコントロールを上手にできるようになった子どもが、なぜうまくできなくなってお漏らしをしたり、赤ちゃん返りをしてしまうのでしょうか。あるいは、登校する準備を始める朝になるとなぜ発熱したり、気持ちが悪くなるのでしょうか。そうした原因について、ほんとうのところは、本人もよくわからないでいることが多いのです。

●摂食障害のケースから

　いわゆる拒食・過食がテーマになる摂食障害を例にとってみましょう。ある10代後半の女性のケースですが、夜中になると、いてもたってもいられずコンビニに走り、たくさんのお菓子を買い込んで食べ続けてしまう。そのように衝動的に食べてしまったあと、今度は「ものすごく胃が重たく気持ちが悪い」「食べたものを吸収・消化して太ってしまうのが嫌だ」という理由で、口の中に指を入れて、今食べたばかりのものをすべて嘔吐してしまいます。食べたものを吐き出してしまうと、とてもスッキリする感覚を味わい、また駆り立てられるようにコンビニに走って、

食べて、そして吐くわけです。それを夜中に３回も繰り返すと、朝には
もう体力を消耗し切ってぐったりしてしまいます。その結果、自己嫌悪
に駆られて予定通りに外出することができなくなってしまうのです。

　こうした行為を１週間に、２、３回繰り返してしまいます。ご本人は、
「そんな無駄で、自分にとって良いことなど一つもなく、疲れるような
行動をなんとしてもやめたい」「お金もたくさん使ってしまうし、吐く
という行為のため胃酸によって、歯もボロボロになってしまう。どうに
かしたいのだけれど、やめられない」と悩んだ結果、心理相談に来られ
ました

　ご本人がどんなに意志を強くもっても“食べて吐く”という一連の行
為をやめられません。この方の問題のポイントは、「夜中になると、ど
うして衝動的に食べたくなってしまうか、自分で自分自身のことがわか
らない」というところにあります。自分ではわからない、自分の心の世
界があるわけです。それが無意識、すなわち“心の闇”なのです。

　精神分析的な関わりをしていくなかで、しだいに２人のあいだでわか
ってきたことがありました。それは、とにかく食べることで頭がいっぱ
いになって、たくさんのお菓子を買い込もうとして行動に移る瞬間、彼
女がどんな気持ちになっているかということについてです。

　まずは、彼女とのあいだで「ちょっと立ち止まって考えてみましょ
う」ということで、その気持ちについて、一緒に触れる試みをおこない
ました。そして徐々にではありましたが、彼女は自分の気持ちを見つめ
られるようになりました。すなわち、「深夜に一人、自分の部屋にいる
と、どうしようもない寂しさ、だれにも頼れない孤独感、何をやっても
空虚な感じ、そのぽっかり空いた穴を埋めるように食べ物を詰め込んで
いた」ということでした。つまり、“心理的な空虚感”を、目の前の食
べ物を食べつくすという行為に置き換えていたのでした。

　ここで重要なことは、彼女は、「それまでにしっかりと身につけてい

た鎧のようなプライド」から、あるいは「自分の弱さをいったん認めたら、今ギリギリ保てている現実適応もすべてガタガタになってしまう恐ろしさ」から、そして「母親への依存を認めたくない意地」から、自分が心の奥で感じていた寂しさや孤独感、空虚感という体験を、自分の実感として受け入れることができなかったのです。

　このように、「どこかで抵抗し、気づかないようにしていた感情」や、「認めないでいた気持ち」が、ずっと彼女の無意識の世界にあったのです。けれども徐々に、それを自分のものとして受け入れ、「無意識の闇」から「意識の世界」に引き戻し、実感をともなって自覚することができるようになりました。その過程のなかで、過度に歪んだ摂食行動は消失していきました。コンビニに走る前に、自分の心に浮かんできた空虚感をしっかりと受けとめられるようになる、つまり空虚感を自分の実感として感じられるようになったのです。言い換えれば、自身の心の弱い部分を自分のものとして認めたうえで、許容できるようになったわけです。そのように、受け入れられない感情を行動に移して自分をごまかす必要がなくなった結果、過度の摂食行動は消失しました。

　摂食障害における行動化の意味は、人それぞれによって異なります。したがって、その行動化の奥にしまいこまれている感情を見出すためには、その人自身の無意識の世界に入っていかなければなりません。その人自身が、「これだ」と思えるものに出会えなければ、そうした行動は繰り返されるのです。つまり症状はおさまらないのです。「こういうことだったのだ」という気づきは、腑に落ちるような感覚ともいわれます。

　なお、こうした摂食障害は最近、若い女性だけでなく、男性にも増えてきているという報告があります。

●反復をめぐる精神分析的理解

　繰り返される行為といえば、リストカットや万引きなども挙げられます。それでは、繰り返し（反復）が行動として現れているその奥には、

どんな気持ちや感情が隠されているのでしょうか。そしてそもそもこの反復は、なぜ起こるのでしょうか。精神分析的には、反復という現象は、本人によってその背景にある心理が自覚されないかぎり、無意識の感情が置き換えられたかたちのまま繰り返されると考えられています。またその行為の奥にある自分の気持ちを、自分にとって大切な人から理解してもらったと実感することができれば、その繰り返される行為は消えていくと考えられています。

　そうした捉え方をした場合、「症状」というほどには深刻ではないにしろ、みなさんが普段何気なくおこなっている不可解な行為や失錯行為についても、その奥に何があるのかを知ることは、自己を探索する手がかりになるはずです。例えば、「どうしてもやめられない遅刻」「ついやってしまうドタキャン」「病気ではないのにしょっちゅう悩まされる頭痛」「繰り返される本番での失敗」など、日常的な現象の奥に何があるのかがわかれば、自己の理解も進むはずです。自分の予測しなかったような言動と心のつながりを考えてみると、見えてくる世界が少し変わってくるはずです。

●描画から

　さて次に、私たちが同じ状況に置かれても、いかに異なる対応の仕方をするかということを共有していただくために、何枚かの絵を見ていただきたいと思います。

　これらは、1枚の白い紙に「人を描いてください」というインストラクションが与えられて、描かれたものです。

　1枚目の絵（図1）をご覧ください。みなさんはどのような感想をもたれるでしょうか。心に浮かぶ素朴な感想を大切にしてください。この絵はとても丁寧に、丹念に描かれています。これはある成人の女性が描いたものです。なんども消しゴムを使い、細心の注意を払って、細かく描き込んででき上がりました。それでもご本人は、達成感がなく、まだ

図 1

図 2

図 3

図 4

図5

心残りがあるようでした。

　次に2枚目の絵（図2）です。10代半ばの女の子がとても熱心に描きました。よく見ると、背中に小さな翼が描かれています。正面を見ておらず、体が宙に浮いています。美しく描かれた絵です。

　3枚目の絵（図3）は成人の男性が描いたものです。小さくて何も身にまとっていない、弱々しい赤ちゃんのようです。ショッキングな印象を与える人物画です。

　4枚目の絵（図4）も成人の男性が描いたものです。棒人間の顔の中に、大きな鋭く尖ったものが描かれています。顔いっぱいに描かれているそれは、周囲を睨みつけるかのような目です。

　5枚目の絵です（図5）。これは、10代前半の女の子が描いた絵です。両腕を広げて、周りの人へ向けて、オールポジティブな感じが伝わってきます。しかし、手の先も足の先もありません。そしてとても気になるのは、顔がないことです。

　みなさんは、この5枚の絵を見て、どんな印象をもたれたでしょうか。同じ導入を受け、同じように紙と鉛筆を与えられても、人はこれだけ異なるものを表現します。

　先ほどお伝えしましたように、インストラクションは「人を描いてください」というものだけなのです。「だれを描いてください」とはいっていません。しかしこれらの絵は、その人自身の手によって描かれたも

のです。さらに強調するなら、そこにはすでに「その人らしさ」が表出されていると考えられます。つまり、表現として私たちの眼に映るその絵に、それを描いた人の心が映し出されている可能性があるといえるでしょう。

　1枚目の絵を描いた女性は、人からの評価や人の目が気になってしまい、仕事に出かけることが苦痛で、心身がすり減ってしまったと訴えている人であるかもしれません。心の奥ではなんでも完璧にしないと大変なことが起こる、大失敗してしまうと考えてしまいます。したがって、そうなることを恐れて、いつも非の打ち所のない自分を保たなければならない窮屈さや苦しさを抱え、それと同時に、失敗する自分を許容できない非常に厳しい目を自分に向けているかもしれません。

　2枚目の天使のような絵を描いた中学生の女の子は、周りのだれよりも目立ちたい、自分のもっているものをもっともっと表したいと考えているかもしれません。しかし、派手な行動をしたり、「私」というものを表に出すと、同級生の女の子たちからつまはじきにされたり、無視されたり、いじめられてしまいます。そうした狭間にあると、自分らしさにいつも不安がつきまとってしまうかもしれません。そうするとなんとなく地に足がつかず、正面を見ることもできません。それでもなお、「人よりも抜きん出たものを見せたい」という気持ちが、この絵には表れているかもしれません。

　3枚目の無防備な赤ん坊のような人物の絵を描いたのは、成人男性です。その方が育った環境を思いめぐらしてみましょう。仮に生まれた時から心身ともに安全な環境に恵まれず、そして自分を守る術ももたず、加えて年齢相応の生活の知識や教育を受けずに大人になった人であると想像してみたらどうでしょうか。そうした境遇とここに描かれた弱々しい人物像はどこか結びつくかもしれません。

　4枚目の尖った目をもつ棒人間の絵を描いた成人男性ですが、この方

が精神病を患っていると想像してみてください。周囲が自分を取り囲んで殺そうとしているのだという妄想をもっており、恐ろしい周囲から自分の身を守るために、殺意をもって睨みつけている。そのような必死な男性の気持ちがこの絵に表れていると考えてみたら、この怖い目の意味がなんとなくわかるような気がするかもしれません。

　そして5枚目の顔なしの女の子の絵ですが、この絵はとても愛らしい雰囲気をたたえています。しかし顔そのものがのっぺらぼうで、表情がわかりません。絵を描いた女の子は、実の母親から虐待されているとしたら……そして養護施設で過ごさざるを得ない状況のなかで、愛くるしい笑顔を振りまいているとしたら……。実の母親から愛情を受けられないこの子にとって、自分らしい気持ちのすべてを犠牲にしても、周囲からの愛を得ることが至上命令のようになっている可能性もあります。そうした振る舞いを続けているうちに、自分という実感や、自分がしたいこともわからなくなってしまい、自分自身のほんとうの表情を失ってしまったと想像してみるとどうでしょう。顔を描こうと思っても描けなくなってしまった。そう考えると、胸が深く痛みます。

　いずれにしましても、これらの絵を描いているご本人は、ここに自分の心象風景が映し出されているということを自覚することなく描いていると思います。つまりその方にとって、意識に上らないことが知らず知らずのうちに絵に表れているということを自覚していないのです。

　もしここに挙げた5人の方々が、私のクライアントとして心理療法を始めるのであるならば、図らずもその人物画に表出されている、その人の心のありようについて、少しずつ共有できるような関わり合いを模索していくと思います。

3. 経済論的見地

● 人間の本性、器質的なもの

　本書の共通テーマは「生命の経済」ですが、精神分析には、心の中に生起する"バランスを保つ動き"を把握する切り口として、経済論的見地からみる方法があります。それは「経済論」とも「エネルギー論」ともいわれています。ここで保たれるバランスというのは、「内界」と「外界」、すなわち「心の中の現実」と「心の外の現実」のバランスです。実際、私たちは自分と他者との関係のなかで、いろいろな心の調整をおこなっているのです。

　心は、「さまざまな感情や情動の容れもの」であるということができますが、それではその心の中には、一体何があるのでしょうか。

　まず第一のものとして、個人の心を突き動かし、駆り立てるものがあります。これはある意味で原始的なものだといえるでしょう。心の奥底からわき起こる情動、つまりその人の内部から生じる欲動です。それは生まれつきもった性質ともいえるものです。その個体が生まれながらに内在している特徴というのは、器質的なものということができます。

　器質的なものの代表例としてまず挙げられるのは、人間の本性です。つまり、人が生きているうえで、「生」と「死」をめぐる情動・欲動は、否応なくついて回ります。「生」とは、「自己保存本能」「生きている実感」「みなぎる生命力」「前へ前へと進んでいく力」「生きることを絶対的に支える愛情・依存欲求」などと表現されます。また「生」には、「子どもを産み育てる種を維持する本能」、すなわち性的欲動も含まれます。

　一方、「死」をめぐる情動の代表的なものとして、攻撃的な欲動を挙げることができます。現実の世界では、自分に対して、あるいは他人に対して攻撃的な気持ちを向け、それがさまざまな言動として現れます。いずれにしても、私たちは誰もが死に向かっているという事実を直視し

て生きるのか、あるいはそれを否認して現在の「生」を享受するのか――つまり、その個人が「死」をどう捉えているのかが、その人の“現在の生き方”に影響を与えています。また、「死」に結びつく衝動として、破壊的な気持ちに強く突き動かされる、破滅的情動というものがあります。その情動の強さについても、生まれつきもっているものに加え、後天的に身につけたその人の死生観による部分もあります。

　加えて、その人に備わった器質的なものとして、その個体が特徴的にもっているものがあります。例えば、身体的な感覚が非常に繊細であると、音に対して、光に対して、温度に対して、そして体に触れるなどの皮膚接触に対して過敏に刺激されやすいわけです。そのため平均的な感覚をもっている人より、外界の刺激に対して大きな反応が生まれやすく、外界のちょっとしたことにも不快感や生理的嫌悪感を強くもってしまう人もいます。そうした過敏さは、「育てにくい子ども」「気難しい人」「不安定な人」「興奮やパニックになりやすい人」として周囲には受けとめられるかもしれません。

●現実・適応的動き

　私たちは、このような人間の器質的なもの（本性）を一方でもちながら、普段はそれらをうまく調整しながら他の人びとと関わることで、社会的な活動をおこなっています。それは、精神分析的経済論の観点では「現実機能」といいます。この現実機能というのは、現実をいかに把握し、それに対処するかという心の働きのことです。つまり、「今、自分はどういう状況に置かれているのかという現実を認識する能力」と、「そこでどのような行動をとることが望ましいかを判断する能力」を指します。一言でいえば、きちんと現実を観察することができる能力のことです。

　現実機能の代表的なものとしては、「現実検討」と、「境界（バウンダリー）の保持」が挙げられます。「現実検討」とは、外界で生じている

現象を客観的に認識し吟味し、みずからの行動の判断を適切に働かせることのできる能力です。一方、「境界（バウンダリー）の保持」とは、自分の内面で起こっていることと、外界で起こっていることを常に分けておける、つまり心の境界を維持できる能力です。境界を保つ機能とは、実際にどういうことでしょう。少しイメージしにくいと思いますので、具体的に説明を加えましょう。例えば、道の向こうに知っている人が歩いているのを見つけて、手を振って挨拶したときに、その人が、そのまま向こうの方へ歩いて行ってしまったとします。そんなとき、「あ、気づかなかったのかな」と思うのがごく自然な捉え方であるとしましょう。ところが、「やっぱりね。あの人は、私のことが嫌いだから、気づかないふりをして行ってしまった」と受けとめてしまうケースがあるとします。ここにはまず、「あの人は自分のことが嫌いなのだ」という思い込みがあります。その「思い込み（内面）」と、「気づかずに行ってしまったという外界で起こっていること」をうまく分けることができずにつなげてしまう場合、「境界機能（バウンダリー）が弱化している」という言い方をします。

　もっと極端な例を挙げましょう。あるクライアントは、夢中になって映画『風と共に去りぬ』を観ていました。そのうちに、そのクライアントはすっかり映画の世界に入り込んでしまいました。そして映画を観終わったあとに、街を歩いていても、セラピーの部屋でセラピストと会っていても、まるで自分が主人公のスカーレット・オハラであるかのような言動を続けるということがありました。映画によって心が強く刺激されて心を奪われてしまい、アメリカの南北戦争の時代と、現実生活の境界機能が崩れてしまったわけです。

　他にも、こんな例をよく聞きます。来る日も来る日も永久に現れることのない恋人を待っている人のケースです。その人は、じつは過去に失恋をしているのですが、その現実を受け入れられないまま、ずっとその

状態でいるのです。つまり、自分の心の中の願望を、現実のものとして信じてしまっているわけです。そのような精神病の状態を「妄想」と呼んでいます。

「現実に適応する」ということは、自分の心の中に生起する、情動・欲動・願望などのさまざまな動きを受けとめ、バランスを取りながら調整していく働きのことをいいます。そうした調整をしながら、私たちは普段、外へ向けて自分を表出しています。つまり、現実に対応しながら、自分の内面を上手に表出していくことができれば、それは「社会的に高い適応を実現している」ということができるでしょう。

●心の動きに、なぜ"経済"という語を用いるのか

「経済論」とは、エネルギーの動きを捉えることから使われるようになった用語です。フロイトは、個人のもっている情動・欲動、つまり愛情や攻撃性の量や強さ、あるいはその質や方向性などをエネルギーとみなしました。つまりフロイトは、物理学に基づいてエネルギーという概念を用いたのです。そして「エネルギーの量は一定に保たれている」という観点から、あるところに大量のエネルギーが費やされると、「エネルギーが全体にゆき渡らずバランスが崩れやすい」「エネルギー配分がうまくなされない」「生産的に上手に利用されにくい」という見方をするので、「経済論」というわけです。

例えば、ある人が不安や恐怖を抱くような場面に遭遇するとします。なんとかその不安や恐怖に飲み込まれないように対処しようとします。そうすると、心の中では、その不安への対応に追われて、心のエネルギーをたくさん消費してしまいます。そのために、普段うまくできている現実機能、すなわち現実を判断する能力などが低下してしまう、という考え方です。

もう少し具体的に説明してみましょう。だれでも心的エネルギーは一定であって、いろいろな方向に配分して、現実適応を図っています。と

ころが、恋愛に夢中になり没頭してしまった状態などのときは、他のことにエネルギーが回らなくなってしまい、エネルギー配分に偏りが生じてしまいます。そのために、現実的にしなければならないことがおろそかになってしまうことがあります。「恋人に夢中で他の人との人間関係が希薄になる」「処理しなければならないことが滞ってしまう」など、現実適応力の低下が起こってしまうわけです。

　逆に、仕事が終わって家に帰ってきたときに、ラフな格好でテレビを観たり、音楽を聴いたりしながら、気持ちをリラックスさせて過ごした場合、「心のエネルギーが充填される」「心にエネルギーが補給される」という言い方をすることもあります。

４．心の防衛機制

　本節では、経済論・エネルギー論的観点を踏まえて、心の防衛活動について解説したいと思います。

　「防衛」という言葉は、精神分析の世界で大変重用されています。「防衛（defense）」という言葉を心の動きに対して用いることに、違和感や不自然な感じを抱く方もいらっしゃるかもしれませんが、本章の締めくくりとして、最後に解説する「心の防衛機制（defense mechanism）」は、一つの教養として理解することをおすすめします。なぜなら、自分の心の中で無意識的におこなっている、心の調整の仕方に気づく糸口になるからです。

　「防衛」とは、自分がそれを感じると不都合だと思うものを、さまざまな方法で感じないようにさせる働きのことです。例えば、だれもが「自分はこういう人である」というイメージをもっていますが、そうした自己イメージを守るために、自覚すると困ってしまうものを自覚させないように心がやりくりをするわけです。あるいは、自分に不安や恐怖、不快感を与えたり、罪悪感を起こさせたりするような欲動・感情・考

え・記憶に対して防衛が働きます。ここにおいて、心的エネルギーの動きをダイナミックに捉えることができます。まさにこれが本章のタイトル「心的エネルギーのダイナミズム」です。

私は精神分析理論を学びはじめた頃、さまざまな心の防衛メカニズムを知っていく過程で、どれもこれも自分にあてはまるような気がして、非常に驚いたことを覚えています。

ここでは、すべてを解説することはできませんが、みなさんの自己観察を促進することができるようなものをピックアップしてご紹介したいと思います。そのことを把握していれば、自分自身の内面と素直に向かい合い、バランスよく調整し、豊かな自己実現に向かえるかもしれません。

なお、ここで紹介する「防衛機能」とは、基本的には、自身の内面を安定させるために働いているものだと思ってください。そして「防衛機制」とは、その人のもっている、心の安定を得るためのある一定のやり方、その人らしさを特徴づけているあるパターンと考えてください。それはすなわち、その人の「パーソナリティ」に結びつきます。

それでは以下で、比較的みなさんが意識化しやすい防衛機能を取り上げてご紹介していきましょう。

●抑圧

抑圧とは、「もしそれを受け入れたら大きな動揺を心に与えるもの」「自己イメージにそぐわない感情」などを、意識から閉め出してしまい一切感じないようにしてしまう、あるいは心の奥底（無意識）に全部押し込んでしまって意識に上らないようにする防衛のことです。

こうした抑圧が強い人の傾向としては、強い自己主張などせずに、無難でおとなしいタイプの人が多いといえます。一見、人との関係では荒波を立てず、感じよい人のようですが、しかし「いくら長く付き合っても深まらない」「人に合わせるのは上手だけれど、本人は一体何を考え

ているのかつかめない」「本人らしさがなくて個性がない」ようにも見えてしまいます。

　一方で、無理に押し込めてしまっている情動が強いと、身体症状に置き換わってその情動が表出されることもあります。単純な例を挙げると、自己イメージに合わない「怒り」を抑圧しますが、しかし押し込めきれない情動は、頭痛や体の震えという身体症状に置き換えられるということがあります。

　抑圧が一部に強く働くということもあります。他のことはなんでもよく知っているのに、性にまつわることについてだけ、「よく知らない」「関心がまったくない」という態度でいたり、あるいは攻撃性への抑圧が強い人であると、怒りを示して当然な場面なのに、怒りという危険な感情を抑圧してしまい、まったくそんな感情などないかのように振る舞ってしまいます。

　あまり抑圧が強いと「固い人」というイメージになってしまいますが、私たちはほどよく抑圧を効かせることで、適度な社会性を保っているといえます。

●否認

　否認とは、「不快や不安」「恐怖や怒り」「劣等感や恥」を引き起こすようなものに対して、「気がつかないでいる」という防衛です。実際にそれが現実にあっても、あるいはそういう事実が目の前にあっても、それについてはまったく気がつかないわけです。

　例えば、年齢否認というのがあります。これは、加齢にともなう衰えを否認する防衛です。人はおおよそ、15 〜 20歳ぐらい、自分の年齢を若く見積もるといわれています。

　否認といえば、私たちは事故や災害、あるいは死に対して、ある意味で否認できているからこそ、毎日を過ごすことができているともいえます。自分が「今日にでも死ぬのではないか」「大きな事故に遭うのでは

ないか」といつも恐れていたら、学校に通うことも職場に通勤すること
もできません。ここでも、適度に否認できることが、現実生活を助けて
くれているわけです。

　否認というと、ある親子のことを思い出します。一人息子を育ててい
た母親のケースですが、彼女は子どもが一人で外出することを許容でき
ず、いつも一緒にいないと心配でいてもたってもいられませんでした。
結果的に、自身の不安が子どもの自立を阻むことになってしまいました。
その母親は、「子どもが誘拐されるかもしれない」「暴走してくる車には
ねられるかもしれない」「大きな地震に遭うかもしれない」「だからとて
も一人で外に出せない」と訴えていました。そのような環境で育ったそ
の子どもは、母親とだけしか話せず、いつのまにか、幼稚園でも小学校
でも一切口を開かない子どもになっていました。

　その母親は、現実に起こるかもしれない恐ろしいことを否認できなか
ったのです。しかし私も「そんなことはないから、お子さんを一人で学
校に行かせてください」と強く主張することができませんでした。なぜ
なら、ほんとうに何が起こるかわからない世の中になってしまったから
です。

●強迫

　「強迫」とは、完璧・完全に物事をおさめないと気が済まない心のあ
り方です。先ほど描画を見ていただきましたが、細部まできれいに、均
等に、丁寧に描いた女性の絵を思い出してください。あの絵を描いた方
は、少し強迫的な傾向をもっているといえましょう。

　強迫には他にもいろいろな表れ方があります。「自分の部屋をいつも
きれいに整理整頓する」「計画通り事が運ぶことにこだわる」「時間をし
っかりと守る」「ものすごく礼儀正しい」「出かける時には、あれもこれ
も念のためにもっていかないと落ち着かない」などが挙げられます。

　ただ、自分に関してそのようにしっかりと整えておけるということは、

一方で高い適応にも結びつきます。規則正しく、一貫して何かを続けるというのも強迫的な心理に支えられているからこそできることです。

またパソコンには、強迫的な傾向を強めるところがあります。パソコンでレポートなどの文書を書くときに、内容はでき上がっても、最終的な完成に向けて、フォントやレイアウトをいじってしまうことがあります。すると、どんどん時間が経って夜更かししてしまうこともあるわけです。ある意味でパソコンの操作は、さらによりよいものを、そして納得がいく完成版を求める気持ちを駆り立てる面があるといえるでしょう。

しかし、その傾向がさらに強くなると、問題をはらむ「防衛機制」となってしまいます。例えば、玄関の鍵を閉める時、何度も何度も確かめてしまうケースがあります。そうこうしているうちに、待ち合わせの時間に遅れてしまいます。あるいは試験が近づくと、とにかく自分の部屋をきれいに片づけないとしっかりと勉強に取り組めないという強迫心性が働き、整理整頓に時間を費やした結果、肝心の試験当日までに勉強が間に合わないなど、バランスを欠いた事態が起こり得ます。

さらに、この強迫が病的になると、外出も困難になってしまいます。例えば、「電車のつり革や図書館の本など、他の人が触ったものに触れない」、あるいはもし誤まって触れてしまった場合は「石鹸で何度洗ってもバイキンのついた手がきれいにならない」、さらに外出から家に帰った際に「外気に触れて汚れた服は全部脱いで着替えないと気が済まない」という心理に取り憑かれるケースがあります。もっと大変な状況になると、自分だけの儀式的な行為にとどまらなくなります。家族にも同様の行為をさせなければ気が済まない、それをしないと家族が病気になったりたいへんなことになってしまうという強迫観念に駆られ、最終的には、家族に対して支配的になるというようなケースもあります。

●知性化

次に身近な防衛として、知性化を取り上げましょう。これは、知的能

力を発揮して、葛藤に巻き込まれないで満足を得られるという機制です。すなわち、性的な欲動、攻撃的な欲動を直接的なかたちで表さずに、そうしたことに関する知識を身につけることや知的活動を介して、欲動や願望を満たすという心の働きです。

　攻撃性を例にとってご説明しましょう。非常に競争心が強く、攻撃的に相手を打ち負かしたい気持ちがあるとします。そうした攻撃を、暴言や暴力などを用いてストレートに発散させるのではなく、「知的な論争のなかで相手の主張を論理的に打破する」「相手が何もいえなくなるほど理詰めの議論を展開する」「相手よりもルールを知り尽くし、それを最大限に生かして知的にゲームに勝つ」など、知的活動を通じて自分の欲動や願望を実現するわけです。これは攻撃欲動を、知性化することでうまくいなしているともいえます。こうして攻撃性を知的なものに置き換えることで、競争心や支配欲も満たされるわけです。

　このように知性化というのは、代理満足を満たしてくれるものです。つまり、知的好奇心を通じて多くの知識を体得するということでも、充足感を得ることができます。さらに「非常に知識が豊富だ」「よくものを知っている」「論理的に明快な展開をする人だ」と、社会的にも高い評価を受けることにつながるでしょう。

　ただし、これが行き過ぎると、鼻もちならない人になってしまいます。知性化の度が過ぎると、「頭でっかちな人」「知が勝っていて批判がましい人」「知識を披瀝して煙たがられる人」になりかねません。客観的・論理的なものと、主観的・感情的なものをクリアに分けられるので、優柔不断に陥ることなくバッサリ物事を切ることはできますが、一方で共感性が乏しいということもできます。あるいはみんなが楽しくて盛り上がっているときに、「これはこうですから、こうなのです」などと事実を論理的に説明されても、楽しい雰囲気に水を差すような人にしか映りません。とにかく、あまり知性化が強いと、気持ちが通っておらず、ま

わりをしらけさせてしまいます。

　ほどよく共感性も保ちながら、知性化を発揮すれば、リーダー的な存在になることも可能です。

●反動形成

　「反動形成」は、ほんとうに感じていることとは逆の言動をする防衛です。ある欲求を押し込めて抑圧するだけでなく、さらに逆の方向に強めることが特徴です。例えば、好ましく思っていない人であるにもかかわらず、いかにも親しみをもってサービス精神旺盛に関わるような行動をとることが、この反動形成にあたります。つまり、自分の中にあるその人を嫌っている感情を押さえ込んで抑圧するだけでなく、かえっていっそうポジティブに関わってしまうわけです。

　相手に対して、敵意や激しい怒り、あるいは攻撃性をもっている人が、反動形成という防衛を用いると、とても礼儀正しく接したり、非常に親切になったり、過度にへりくだったり、役に立とうという姿勢をみせたりすることがあります。これらは、「攻撃性の反動形成」ということができます。

　あるいは、ほんとうはとても甘えん坊で依存的な人が、反動形成するとどうなるでしょう。人に世話をされることを嫌い、反発するような冷淡な態度をとったり、「余計なお世話だ」と怒ったり、過剰に自立心や独立心の強い自己を誇示するというような表れになります。

　ネガティブな感情を、ポジティブで覆うようにして人と関わることは、ほどよく働けば、適応性を高めます。しかし、それが過剰になると、ほんとうはまったく逆の感情を心の奥には抱いているわけですから、とても難しく付き合いにくい人になってしまいます。

　1日の活動を終えて、とても疲れてしまって家に帰ったとき、自分自身の言動を振り返ってみると「なぜ、私はあの人に対してあんなに一生懸命にやってあげてしまったのだろうか」と考えてしまうことなどある

かもしれません。その原因を考えるなかで、自分の言動に少しでも違和感を感じることがあれば、「もしかしたら、あれは反動形成だったのではないだろうか」と気づくきっかけになるかもしれません。

●投影

「投影」とは、自分の中にある、不愉快なもの、受け入れたくない感情、感じたくない不快な情緒を、自分の外に吐き出し、あたかもその感情が他人の心の中にあるものであるかのように映し出すメカニズムのことです。とてもシンプルな例を挙げると、自分がとても寂しい気持ちを抱いているとします。しかしその寂しさを認めてしまうと、親元から離れてようやく手に入れた一人暮らしの自由さを失ってしまうかもしれません。そうした心的状況のときに、自分の親しい友達に自分の気持ちを映し出して「あなたはほんとうは寂しいのよね」と思ってしまうことがあります。これが投影です。本来、自身に属する感情を自分の中にあるものとして受けとめず、他の人の心に見出すのです。

人間ではありませんが、ペットというのはとても上手に私たちの投影を受けとめてくれる存在ではないでしょうか。猫や犬の世話を一生懸命するのは、本来、自分がそうして大切にケアされたいという気持ちの投影でおこなわれている可能性もあるでしょう。また「この子は、今こうして欲しいのだろう」と思ったり、その"心"を想像するときは、ほんとうは自分がそういう気持ちになっていることが多いのではないでしょうか。

あるとき、我が家で飼っていた猫が、「にゃーお」と訴えかけるように鳴いたことがありました。そのとき、私の家族のそれぞれが、ほぼ同時に示した反応がとてもおかしかったことを思い出します。年老いた義母は、真っ先に「ほら、「寂しい」っていっているのよ」といいました。夫は「「お腹が空いたー」といっているんだよ。ほら、何かあげたら」と言いました。一方、一番その猫と仲がいいと思っている私は、「この

子は絶対「遊んでよ」といっているんだわ」と思ったのです。同じ状況で同じ刺激を受けたとしても、人はこんなに違う投影をしてしまうものなのです。

しかし、こうした「投影」の機制が過剰に生じると、現実世界がこんがらがってしまいます。自分が思っていることを、無自覚のうちに「相手がそう思っている」と勝手に決め込んで、それを前提に物事を進めたら、混乱してしまいます。

基本的に私たちは、ほどほどに気楽な投影を相互に向け合いながら、多少ズレながらも、ほぼ平和に暮らしているわけです。

●昇華

本章で解説する防衛の最後は「昇華」です。これは最も健康的な防衛機制なので、締めくくりとしてご紹介したいと思います。

「昇華」とは、自分の欲求を社会的に評価されるかたちに置き換えて表出し、同時に自身の欲求も安全に満たされるというような、達成感にもつながるメカニズムのことです。自分にとっても社会にとっても、肯定的で価値あるものに置き換えるために、情動のエネルギーを生産的に、そしてクリエイティブに使うことになります。例えば、絵や音楽、映画、詩、物語を書くなど、芸術的な活動もまさに昇華といわれるものです。そこまで社会的に広く評価されなくても、欲動や願望が社会的規範にそったかたちで表現されれば、いくらでも周囲に受け入れられるので、それは上手な発散の仕方だといえるでしょう。趣味などもその一つです。

性的な欲動であれ、攻撃的な欲動であれ、激しい欲動が昇華される過程で、その激烈さは中和されてマイルドになります。さらにそれは、クリエイティブな表現形態を通じて、社会的にも共感をもって受け入れられるのです。

少し激しいケースですが、自殺未遂を繰り返していた若い女性がいました。攻撃衝動が自分に向かっていたわけです。しかしその後、彼女は、

医療従事者になる道を選びました。そしてホスピスで、死期の迫る患者さんの枕元で患者さんを真摯に見送ることを自分の生涯の仕事としたとき、彼女は、みずから命を絶とうとする行為をやめました。彼女において、自分に向かう死の衝動は、死が間近に迫る方への献身的な関わりによって昇華されたといえるでしょう。

　本節では、防衛機制に関する７種類のメカニズムをご紹介しました。しかしその数は少なくとも10種類以上はあります。普段私たちは、これらのさまざまな防衛機制を、自分の心のダイナミズムのなかでブレンドして使っています。そしてそれこそが、私たちの「その人らしさ」「性格」「パーソナリティ」をつくり上げているわけです。

無意識の意識化へ……

　自分の奥深くにしまい込んでいる感情、つまり自身の無意識に気づいているか気づいていないかによって、その人の生活の質や人生のありようは、おそらく大きく違ってくるでしょう。それらに気づいている人は、ほどよい自制ができて、ある意味で人間的に成熟しているといえます。一方、それらに無自覚な人の場合には、失敗や失恋といった深刻な挫折経験や対象喪失などをきっかけに防衛が強固になったり、あるいは緩んだり弱まったりすることがあります。さらに、それに加えていくつもの不幸が重なると、自分でも驚くような動揺が生じ、バランスが大きく崩れてなかなか立ち直れなくなることもあります。それを契機に引きこもりが激しくなったり、うつ状態に陥る可能性もあるかもしれません。

　外界と関わる自分の心の調整のメカニズム、心的エネルギーのダイナミズムをより深く知っていくことは、情動・感情の容れものを大きくすること、すなわち自身の心のキャパシティをより広がりをもったものにしていくことにつながっていくと、私は信じています。

参考文献

大場登・森さち子「改訂版 精神分析とユング心理学」放送大学教育振興会、2017年

馬場禮子『精神分析的人格理論の基礎』岩崎学術出版社、2008年

ジークムント・フロイト「精神現象の二原則に関する定式」（井村恒郎訳）『フロイト著作集』第6巻、人文書院、1970年

ジークムント・フロイト「快感原則の彼岸」（小此木啓吾訳）『フロイト著作集』第6巻、人文書院、1970年

ジークムント・フロイト「自我とエス」（小此木啓吾訳）『フロイト著作集』第6巻、人文書院、1970年

森さち子『かかわり合いの心理臨床──体験することと、言葉にすることの精神分析』誠信書房、2010年

行動経済学とビッグデータから探る
ヒトの意思決定と行動
脳に埋め込まれた過去の遺物を理解し、よりよい行動を起こさせるには?

星野崇宏

(ほしの　たかひろ)。慶應義塾大学経済学部教授。1975年生まれ。東京大学大学院総合文化研究科博士課程。博士 (学術)・博士 (経済学)。専門は、行動経済学・計量経済学・統計科学・マーケティングサイエンス。著書に、『調査観察データの統計科学——因果推論・選択バイアス・データ融合』岩波書店、2009年等がある。

1．AIとビッグデータがあればなんでもできる？

　私の専門は行動経済学や統計学、機械学習 (AI) などで、大量のデータを駆使して広く人の意思決定や行動をいかに理解するかという研究をしています。近年では、POS データ (販売時点での売上データ) や、T カード・スマホの利用データなど、人間の消費や移動といった行動に関する多くのデータが入手できるようになりました。それらのビッグデータを AI で分析すると、いろいろなことがわかります。

　ただし、AI にも得手と不得手があります。まず、AI が得意な分野は「構造が変わらないもの」です。例えば、以前「アルファ碁 (AlphaGo)」という囲碁プログラムが人間の世界チャンピオンに勝ちましたが、碁盤の目 (交点) の数は19×19＝361と決まっていて、突然2倍になったりしません。あるいは、交通規制や運転ルールも突然変わることはありませんので、交通機関の自動運転などでも AI の活用が期待されます。

　一方、一般的な経済現象、例えば株式市場の分析などは、なかなかう

まくいきません。2008年に起きたリーマンショックのように、ひとたび環境が変化すると、それまでの指標との相関関係が一挙に変わってしまい、過去のデータに最適化したアルゴリズムが役立たなくなります（この講義をおこなったのは2019年5月でしたが、2020年のコロナショックによるAIファンドの大ダメージでもこのことは示されました）。

変化といえば、人の心もまた移ろいやすいものです。みなさんもよくご存知の「ネット広告」では、利用者の購買履歴や閲覧履歴からその人の好みや興味を推定し、それに類似した商品などを表示することで販売につなげようとします。しかし、これにもやっかいな問題があります。

それというのも、あるネット広告を一度クリックして閲覧すると、そのあとは同じような商品・サービスが何度も表示されて、だんだん嫌になってきます。やがて、二度とクリックしなくなるでしょう。私はジョギングが好きで、よくジョギングシューズの検索をしますが、すると他のサイトにもその情報が伝わって、自動的にジョギングシューズの広告が表示されるようになります。いくら興味があるからといって、何度も表示されればうっとうしくなるものです。私は、これを「ウザいネット広告」と呼んでいます。当然、このようなことが繰り返されれば、広告のクリックレートが下がり、広告としての価値を失います。

人間の心理には「単純接触効果」というものがあり、同じものを何度も見ていると好きになるという現象があります。一方、それも度を過ぎると飽きてきます。こうした特徴は、以前からテレビCMでも指摘されていましたが、現在のネット広告でもあてはまりますが、今使われているアルゴリズムにはこの点が考慮されていません。結果として「ウザいネット広告」が多くなってしまっているのです。

結局、「AIとビッグデータがあればなんでもできる」というわけではなく、やはりその背後にある行動のメカニズムを理解しなければいけません。消費者行動であれば、購買の意思決定にどのようなメカニズムが

あるのかを踏まえたうえで、アルゴリズムを組む必要があります。そして、ビッグデータとAIの機械学習によって、組むべきアルゴリズムが自動的にわかるということはないのです。

2. 「行動経済学」の基礎知識

●行動経済学のパイオニアたち

　伝統的な経済学では、人間は常に合理的に行動する「経済人（homo economicus）」であり、与えられた情報のなかで最適な行動をとるという前提が置かれていました。それは数学的にきれいな答えを出すために必要な前提でもあったのですが、しかし、現実世界はそうなっていません。これは昔から知られていたことですが、理論・実証研究が進んだ結果、今日では「行動経済学」として定着しています。

　行動経済学の祖はエイモス・トベルスキー（Amos Tversky）とダニエル・カーネマン（Daniel Kahneman）という社会心理学者です。彼らは、人間の行動に関する合理性からの乖離について、さまざまな現象を観察して理論化し、それが現実世界にあてはまることを明らかにして、今日の行動経済学の基礎を築きました。その功績が認められ、カーネマンは2002年にノーベル経済学賞を受賞しています（トベルスキーは、1996年に亡くなってしまいました）。

　また、2017年にノーベル経済学賞を受賞したリチャード・セイラー（Richard H. Thaler）という経済学者は、「メンタル・アカウンティング（心的会計）」などのさまざまな知見を生み出し、実際にそれを政策に応用したとことで評価されました。例えば、政府や企業が、人びとに確定拠出年金（自分で保険料額と運用対象を決める年金制度）へ加入するよう推奨しようとする際、「給料から天引きされるタイプにしますか？　それとも、自分で運用対象と掛け金を決めるタイプにしますか？」と質問すると、後者を選択する人はあまり多くありません。しか

し、自分で積極的に選択しなければ「自分で運用対象と掛け金を決める」方式が自動的に選択される（いわゆる「デフォルト・オプション」）ようにすると、大部分の人は考えるのが面倒なので、そちらを選ぶ人が増えます。こうして、確定拠出型年金への加入率が非常に上がりました。

●脳に埋め込まれた「非合理」

　では、人はなぜ非合理的な行動をとるのでしょうか。じつは、そもそも「合理性」という概念は、現在の文明社会において理に適っている考え方を指すものです。しかし、現在の文明社会は、人類が農耕生活を始めてからわずか1万年ほどの間につくられたもので、それ以前の25万年から30万年ほど人類は狩猟採集生活をしていました。そして、その時代に生き残った人びとの子孫が私たちです。この長い年月をかけて淘汰圧に晒される過程で、子孫を残すために有利であった特定の傾向が、私たちの脳には埋め込まれているのです。

　例えば、狩猟採集時代、人類はおよそ50人から100人くらいの集団で生活していたと考えられています。当時、その集団で村八分にされることは、高い確率で死を意味しました。したがって、周りをみて社会的な関係のなかで比較することや、ルールを守ることができた人が生き残りやすくなります。その子孫が私たちですから、社会的な文脈をもつ決まり事はすぐに理解できるといった偏りが生じています。

●フレーミング効果

　さて、その後、行動経済学の研究が進み、ヒューリスティック、代表性、プロスペクト理論、フレーミングなど、人間の非合理的な行動を説明するさまざまな理論が提示されました。ここで、トベルスキーとカーネマンが設定した有名な質問例をご紹介しましょう。

　ある店で牛肉を買おうとしたら、1,400円でした。「ちょっと高いけど、まあいいか」と思って買おうとしたら、店員さんが「自転車で20分ほど離れ

た支店でセールをやっていて、同じ肉が900円で買えます」と教えてくれました。すると、多くの人が自転車で支店へ買いに行くと答えました。

　一方、ある店で１万2,500円のジャケットを買おうとしたら、やはり店員さんが「自転車で20分ほど離れた支店でセールをやっていて、同じ服が１万2,000円で買えます」と教えてくれました。すると、先の肉屋の例では支店に買いに行くと答えた人の多くが、今度は行かないと答えるのです。「500円の差のために自転車で20分をかけて行く」という構造は同じなのに、同じ人が行く場合と行かない場合があるわけです。

　これは「フレーミング効果」といわれており、問題構造の本質ではなくて「枠」によって意思決定が変わる現象です。つまり、内容が同じでも、見せ方や表現を変えると、人びとの印象や判断が変わるということです。

　今日、どんな構造で、どんな対象だったら、どんな効果が強くなるのかという研究が盛んにおこなわれていて、例えばイギリス政府は「Behavioural Insights Team」をつくって2013年に約100万人を対象とする大規模な実験をおこないました。これは、オンラインでの免許更新の際に、画面上で臓器提供の登録を促すものですが、あるメッセージを変えるだけで、通常２％の登録率が1.5倍の３％になりました。わずか１％の違いでも、100万を対象にすれば１万人の登録者増になりますから、非常に大きな効果です。

　日本でも、経産省など複数の省庁で「ナッジチーム」をつくり、そうした取り組みをしています。社会保障費を少しでも減らしたり、業務を効率化したり、税金を短期で払ってもらうといったことに応用しつつあります。ナッジ（nudge）については、後述します。

●二重過程理論

　そして現在、人びとの"非合理性"を統一的に説明する理論の整備が進んでいます。「二重過程理論」もその一つで、人間の情報処理や意思決定は「ファストモード（直感型思考）」と「スローモード（複雑型

〔合理的〕思考）」から成り立っており、普段は複雑なことはあまり考えずにファストモード、つまり、脳に埋め込まれた傾向（偏り）に従って行動しているというものです。

　なぜ、そうなったのか。学術的には２つの大きな仮説があり、１つは消費エネルギーを減らすためという考え方です。脳は全体重の２％の重量しかないのに、全消費エネルギーの20％も使用しています。そのため、エネルギーをたくさん使う複雑型思考をなるべく避けながら暮らしているというのです。例えば、GAFA（Google、Amazon、Facebook、Apple）などの創業者を見てください。彼らはいつも同じシャツを着ていませんか。この仮説に拠れば、「彼らは服を選ぶなどということに、意思決定の資源を使いたくないからだ」ということになります。

　もう１つの仮説は、複雑な思考をつかさどる脳の機能、いわば「ワーキング・メモリ」を価値の高い課題に振り向けられるように、普段はワーキング・メモリを使わないファストモードで生活しているというものです。経済学では、「もし○○をせずに、別の□□をしていれば得られたであろう利益（＝□□しなかったために獲得し損ねた利益）」のことを「機会費用」と呼びますが、価値の低い課題はファストモードでこなし、ほんとうに大切な課題だけスローモードでしっかり意思決定するようにしているという説がこれにあたります。

　いずれにせよここ10年ほどで神経科学の研究が急速に進んだ結果、脳は２つのモードを状況に応じて切り替えながら働いていることを示す証拠が増えています。

●理論、実証、そして政策へ

　2002年にカーネマンがノーベル経済学賞を受賞してから15年後にセイラーがノーベル経済学賞を受賞しましたがその間、行動経済学は飛躍的に発展しています。特にこの15年の進歩としては、フレーミング効果など最初は実験室実験や大学生を対象とした調査でみつけられた現象が、

どうして、いつ、どんな人に対して、特に強く表れるのかといった実証研究が盛んにおこなわれています。この分野について非常に貢献が大きいのは開発経済学の分野です。2019年のノーベル経済学賞は開発経済学においてさまざまなフィールド実験をおこなったアビジット・V・バナジー（Abhijit V. Banerjee）やエスター・デュフロ（Esther Duflo）らに与えられましたが、彼らは発展途上国で人びとに支援をおこなう際に、どのようなかたちで、どれだけの補助を与えると、行動がどのように変化するのか、どの方法が効率的なのか、という政策上の実験を数多くおこなっています。さらに近年ではそれらの研究報告を100件、200件と集めて、平均してどの程度の効果があったかを調べる「メタ分析」もおこなわれ、どのような状況で行動経済学で知られている思考や行動のバイアス（偏り）が強く生じるかなどが議論できるようになりました。

3. 遠い利益より目先の満足？

●時間割引とは？

　次に「時間割引」という概念をご紹介しましょう。私たちが日々経験している大切な概念ですので、丁寧に説明していきましょう。

　例えば、1万円をもらえるとします。「今すぐもらえるのと、1週間後にもらえるのと、どちらがよいか」と聞かれれば、だれだって「今もらえる方がよい」と答えるでしょう。

　では、「今すぐ1万円もらえるのと、1週間後に1万1,000円もらえるのと、どちらがよいか」と聞かれたら、どうでしょうか。Aさんは「1,000円多くもらえるなら、1週間くらい我慢しよう」と思うかもしれません。Bさんは「1週間後の1万1,000円と比べたら、今すぐ1万円もらいたいけど…、1万5,000円もらえるなら待ってもいいかな」などと欲張りなことを考えるかもしれません。この場合、Bさんは現在の1万円と、1週間後の1万5,000円が釣り合うと感じていることになります。

次に、質問を少し変えてみましょう。今は１円ももらえません。そして、「１週間後に１万円をもらえるのと比べて、２週間後にいくらもらえるのだったら釣り合いますか」と尋ねるのです。すると先ほど「１週間待つなら１万5,000円」と答えたＢさんでも、今度は「１週間後から２週間後で1,000円増えるならば待ってもよい」と「１週間待つなら１万1,000円」と答える、ということはあり得ますね。

　さらにこの期間を２週間後と３週間後、３週間後と４週間後と延ばしていき、４週間後と５週間後とを比較すると、「もう、１万500円でもいいかな」という話になってきます。１万円から１万5,000円なら、１週間で50％の利率ということになります。次の１万1,000円なら10％の利率、１万500円なら５％の利率です。いずれも等しく「１週間先延ばし」にしているのですから、合理的に考える「経済人」なら、このような差が生じるはずはありません。どの期間であれ、１週間待つことで得られるべき利息が「10％」と考えるならば、いつでも10％の利率が妥当だと考えるはずです。ところが実際には、「今もらえる」ことに強い価値を感じて、「今もらえないで１週間待つならば50％の利率でないと」となるわけです。

　これは「現在バイアス」とか「マイオピック（近視眼的）」ともいわれ、グラフで表現すると図１のようになります。縦軸は価値、横軸は時間で、遠い未来の物事ほど価値が下がり、目先のことにより高い価値を感じることが表されています。

　じつは、大昔にはこの近視眼こそが生き残るための合理的な思考だったのです。狩猟採取社会では、食べ物は今すぐ食べなければ腐ってしまいます。だから食べ物があれば、残しておかずにすぐ食べることが正しいのです。遠い昔はそれが合理的であり、そうした行動をとった先祖が生き残ってきたわけです。

　現在では、冷蔵庫が発達して食べ物も簡単には腐りませんし、銀行に

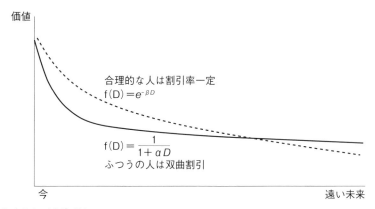

価値

合理的な人は割引率一定
$f(D) = e^{-\beta D}$

$f(D) = \dfrac{1}{1 + \alpha D}$
ふつうの人は双曲割引

今   遠い未来

現在からすこしでも先だと
価値が大きく下がる＝現在バイアス・近視眼的

図1　いわゆる双曲割引

お金を預ければ保管しておいてくれます。しかし、何万年にもわたって身につけてきた感覚はなかなか変えられません。そのため、現代でも私たちは、長期的な利益を見通して行動することが苦手なのです。

●代替報酬をうまく使う

　私たちのこうした性質は、生活のなかでさまざまな問題を引き起こします。例えば、みなさんは食後に歯磨きをするとき「面倒臭い」と思ったことはありませんか。健康な歯を守るためには毎日歯を磨かなければなりませんが、一度磨かなかったからといって、すぐに虫歯になるわけではありません。未来のことを軽視して目先の面倒臭さにとらわれると、つい怠けてしまいます。

　さらに、薬の服用でも困った問題が起こります。例えば、頭痛薬なら、頭が痛くなったときに飲めばすぐに効くので飲む人が多いです。一方、血糖値を下げる薬は長期間にわたって服用しつづけなければならないのですが、薬を飲み忘れても今すぐなんらかの自覚症状は起こりません。このため、服薬が必要な人でも長期では処方された７～８割分しか服

用していないというデータもあります。しかし、血糖値の値が一定以上になると薬が効かなくなるので、そこまで値が上昇する前に服薬してもらわなければならないのです。

　こうして、「服薬コンプライアンス」が行動経済学においても重要テーマになっています。つまり、合理的な「経済人」ではなく「遠い利益より目先の満足」という近視眼的人間を前提として、それでも長期的利益に適う行動をとらせる方法を考えようというのです。こうして案出されたのが「代替報酬」、つまり、遠い未来の利益につながる行動をとったら、何か代わりとなる目先の利益を与えるのです。

　先ほどの歯磨きを思い出しましょう。1日怠けてもすぐに虫歯になるわけではないのに、どうして歯磨きを継続できるのか。その一つの理由は、練り歯磨きにミントなどの味が付けられていて、歯磨きをすると口がさっぱりして気持ちいい、ということです。この気持ちよさが今すぐもらえる「代替報酬」になっているから続けられるのです。企業のマーケティングにおける「ポイント・プログラム」も、この「代替報酬」を使った一例といえるでしょう。

●セルフコントロールは不可能か？

　しかし、こうした方法はあるにせよ、できることなら自分自身で目先の欲求を制御し、より大きな将来の利益を獲得できるように行動したいものです。これまでの研究では、そうした自己制御（セルフコントロール）には「ノン・コグニティブ・スキル（非認知的な能力）」が大事ではないかと考えられています。ノン・コグニティブ・スキルとは、簡単にいえば、「今は我慢して、のちのためにとっておける能力」です。

　海外では、子どもが生まれてから何十年も追跡している研究もあり、小さいことに我慢ができる、つまりセルフコントロールができる人の方が、大人になってからの社会経済的な地位が高くなり、経済的な問題も少ないということがわかっています。逆に、セルフコントロールできない人

は、健康維持行動ができないために不健康になったり、薬物に依存したりする人の割合が増えるという研究結果が報告されています。

4．価値は文脈で変わる？

●文脈効果とは？

　もう一つ、人間の非合理的な行動の例として「文脈効果」を紹介しましょう。文脈効果とは、選択肢の構造（数や組み合わせ）を変えると選択が変わるという現象です。例えば、x と z という 2 つの選択肢があるとき、A さんは x を選択するとします。しかし、そこにもう 1 つ y という選択肢が加わると、A さんは z を選択するといった現象です。これは、数多くの実験で繰り返し観察されており、非常に頑強な現象として知られています。

　スマートフォンを買う例で考えてみましょう。今、あるお店で保存容量64GB で 1 万9,000円のスマホ x と、保存容量256GB で 3 万9,000円のスマホ z が並べられているとします。x は低性能で低価格、z は高性能で高価格。このとき、A さんは価格を重視して x を選んだとします。しかし、ここで第三の選択肢、保存容量128GB で 2 万9,000円という中性能・中価格のスマホ y が加えられたとしましょう。y と比べて x は半分の保存容量しかないのに価格は約65％、これでは x が割高に見えます。一方、z は y の 2 倍の容量をもちながら価格は約35％増し、これはずいぶん魅力的な商品に見えてきます。そして、z が「お買い得」商品に見えてきた A さんは…。

　このように、選択の構造を変えることで、A さんの選択が変わってしまうのが「文脈効果」です。ここで、スマホ y は z の高価格という弱点を緩和し、魅力的な商品に見せるための「デコイ（おとり）」と呼ばれ、こうしたデコイによって一方の商品が魅力的に見える効果を「魅力効果」と呼んでいます。

さらに、設定を少し変えてみましょう。やはり x と z を比べて x を選んだ A さんの前に、今度は保存容量320GB で５万2,000円という超高性能・超高価格のスマホ w が加えられたとしましょう。z と比べて w は容量が1.25倍なのに価格は1.33倍、さすがに割高です。そして、先ほどはz を「高い！」と感じて x を選んだ A さんですが、w を見ると「それほど高いわけでもないか」と思えてきます。すでにお気づきのとおり、w もデコイですが、このように「高価格」という弱点がさらに大きい選択肢を見ることでz が「それほど悪くない」選択肢に見える効果を「妥協効果」と呼びます。

●人は相対的に判断する

　では、なぜ新たな選択肢を加えると、劣勢だった選択肢が優勢になったりするのでしょうか。この点は現在も研究が進められているところですが、どうやら私たちが意思決定をする際には、頭の中に確かな判断軸があるというわけではなく、選択肢同士を相対的に比較しているようなのです。

　そして、これは人間だけでなく動物全体にもいえるのだそうです。例えば鳥の餌場に濃くて少ない餌と、薄くて多い餌を置いておきます。すると、およそ６対４から７対３の割合で、濃い餌を好む鳥の方が多くいます。そして、ここにデコイを置いても、同じように鳥の選択が変わることが、研究から明らかになっています。人間も含めて動物は、個別の選択肢から構造を理解しているので、重みが容易に変わるのだと考えられています。これを「選択構造への状況依存性」と呼んでいます。

5．肘でつつく、背中を押す

　以上のように、私たちの判断や行動は、人類が太古の昔から生存のために積み重ねてきた経験に強く影響されています。それは、今日の私たちから見ると、しばしば非合理で近視眼的、長い目で見ると私たち自身

を損ねてしまう場合もあるのですが、さまざまな危険から自身の命を守るために脳に埋め込まれた性向なので、容易には変えられません。

　そこで現在では、人間のこうした非合理に見える性質をまずは受け入れ、そのメカニズムを明らかにしつつ、人と社会にとって長期的にも望ましい方向へと人びとの行動を促す方法が研究されています。最後に、そうした取り組みを少しだけ紹介したいと思います。

●ナッジとは？

　先ほど経産省の「ナッジチーム」が登場しましたが、「ナッジ（nudge）」とは「肘で横腹をつつく」「背中を軽く押す」といった意味です。「人になんらかの行動をとるように促す」というほどの意味合いで理解していただければ結構です。

　すでにお話したとおり、人間はファスト／スローの2モードを切り替えながら暮らしているのですが、多くの状況でファストモード、つまり直感に従い目先の満足を求めて行動しています。そこで、軽く肘でつつくように人びとへ働きかけて、よりよい方向へと意思決定の質を改善しようということです。

　例えば、節電を考えてみましょう。今、消費電力をピーク時に20％削減させたいとします。一つの方法として、あらかじめ企業などからデポジット（預かり金）を（電気料金に上乗せするなどして）徴収しておき、使用条件を守ったら預かり金を払い戻し、違反したら没収するという方法が考えられます。このように、あらかじめ使用条件に関する意思表明をさせ、その要件を守らせる方法を「コミットメント」と呼んでいます。

　一方、契約更新方式を前出の「デフォルト・オプション」にして、使用料を抑制する方法もあります。つまり、最初に企業などと低使用量の契約を結び、特に条件変更の意思表示をしなければ、低使用量の条件で契約が自動更新されるようにするというものです。

　その他、地域や類似世帯・企業の平均使用量を示し、自身（自社）の

使用量が平均以上にならないよう促す方法もあります。これは社会の平均が「社会的規範」として人びとの行動を制御する効果を期待するものです。この方法は、発展途上国で高い効果が確認されています。反対に先進国では、社会的規範が人びとの行動を拘束する力が弱まっているともいえるでしょう。

　さらに、「見える化」や「教育」によって節電を意識させる方法、使用量が少ないほど料金を割安にする（使用量が多いほど料金を割高にする）といった「金銭的インセンティブ」を利用する方法もあります。ただし、金銭的インセンティブには「アンダーマイニング効果」という弊害も指摘されています。これは、もともと「地球環境のために、自分も省エネに取り組もう」といった内発的な動機からおこなわれていたのに、金銭的報酬を与えるなどの外発的動機づけをおこなうことによって行動が「金目当て」になり、そもそもの内発的動機づけが弱まってしまうという現象です。

　現在、健康増進政策や環境保護政策などの分野をはじめ、こうしたナッジをどのように活用すべきかについて、研究が盛んにおこなわれているところです。

おわりに

　人間の脳の働きに関する心理学や神経科学の研究はまさに日進月歩で、その膨大な知見を土台として、私たち行動経済学者は現実世界のさまざまな制度・政策を考案しています。本章で紹介できたのは、それらのほんの一部ですが、「AI×ビッグデータ」で自動的にヒトの行動を理解するのは難しく、一方行動経済学はこの数十年の間でさまざまな人間の思考と行動のバイアスについての知見を積み重ね、またそのようなバイアスをいかに修正するかについても最近研究が蓄積されているということの一端をおわかりいただけたのではないでしょうか？

Ⅱ
生と死の経済学

生と死と環境基準

奥田知明

（おくだ　ともあき）慶應義塾大学理工学部教授。
1974年生まれ。東京農工大学大学院連合農学研究
科博士課程修了。博士（農学、2002年）。専門は、
環境化学、大気科学、微粒子工学。2015年、
Asian Young Aerosol Scientist Award他受賞多
数。環境省PM2.5対策総合推進検討会委員、日本
エアロゾル学会常任理事等を歴任。TV出演や新
聞掲載多数。

はじめに

●安全とは何か

　本章では、「環境基準とは何か」ということをご説明します。環境基準を話すうえで「安全」というものを定義しなければなりません。では、安全とはなんでしょうか。じつは、安全には国際規格があります。製品やサービスの品質の基準を定める国際標準化機構（ISO）は、国際的な安全規格に関する「ガイド51」（ISO/IEC Guide 51: 2014）で、「安全（Safety）」を次のように定義しています。日本語でいうと、「安全とは受容できないリスクがないこと」。原文の英語を見てみると、「freedom from risk which is not tolerable」となっています。つまり安全とは、「受容できないリスクがないこと」「リスクから解放されている状態」ということになります。

●リスクとは何か

　では、リスクとは何でしょうか。それは次のように定義されています。「combination of the probability of occurrence of harm and the severity of that harm」。すなわち、害が起こる確率とその害の深刻さの組み合わせだと書かれています。

　では受容できるかできないかはどうやって決まるのでしょうか。これも定義されています。「Tolerable risk」、受容できるリスクとは、「level of risk which is accepted in a given context based on the current values of society」と書いてあります。すなわち、「現在の社会の価値観に基づいて、与えられた条件下で、受け入れられるリスクのレベル」ということです。つまりISOでは、リスクとは、その時代の社会の価値観によって決まるといっているのです。ある意味まったく科学的ではありません。しかし、そんな一見科学的ではないことを、ISOは定義として決めています。安全や、受容できるかできないというのは私たち社会の価値観によって決まっているということが非常に重要です。あとで述べるように、環境基準は一応定量的に決められていますが、その判断基準が「current values of society」で決まっているということが、私が最初にお伝えしたいことです。

●リスクはゼロにできるのか

　リスクはゼロにできるでしょうか。基本的にはどんなリスクであっても、それをゼロにしようとすると別のリスクが浮上します。例えば、水道水を塩素で消毒する方法があります。塩素消毒をすると、殺菌された水になりますが、これと同時に水の中にある有機物と塩素が反応して発がん性物質ができます。そのため塩素消毒しない方がいいのではないかという考え方もあります。発がん性物質が生じるリスクをゼロにしようというわけです。しかしそうすると、例えばコレラや病原性大腸菌などによる感染症が発生します。つまりバランスが大切だということであり、リスクゼロという状態はなかなか得られません。リスクゼロを目指すのはいいのですが、現実的にはなかなか達成することは難しいということになります。

1．環境基準とは何か

●耐用一日摂取量の留意点

　そもそも環境基準というのは、環境基本法では「人の健康を保護し、及び生活環境を保全する上で維持されることが望ましい基準を定めるものとする」とされています。要は、この基準を満たしていればみなさんが安全に暮らせるという、いってみれば努力目標です。

　環境基準の決め方にはさまざまなものがありますが、耐容一日摂取量（TDI: Tolerable Daily Intake）をもとにする場合が多くあります。英語でいうと、先にも出てきましたが「Tolerable」が「受け入れられる」、「Daily Intake」が「1日ごとの摂取量」です。つまり「生涯にわたって毎日摂取し（曝露され）続けた場合でも、健康に悪い影響を及ぼさないと判断される1日の摂取（曝露）量」ということです。

　この耐容一日摂取量で留意しなければならないことが3点あります。

　1点目は、一生涯にわたって摂取した場合の基準なので、一時的に多少それを超えたところで、すぐに健康を損なうものではないということです。

　2点目は、人の集団にもいろいろな人がいて、母親のお腹の中にいる胎児や、生まれたばかりの乳児はかなり弱い状態です。そういう人のことを「感受性が高い」といいます。環境基準は健康な成人ではなく、可能な限り、赤ちゃんのような一番感受性が高い人が受ける影響を基準にしているということです。

　3点目は、例えば乳児のなかにも感受性が高い乳児とそうではない乳児がいるので、そういったバラツキを考慮して、不確実係数というものを考えます。それによって、一番影響を受けそうな人たちに合わせて環境基準は決められます。

●耐用一日摂取量のあいまいな点

　この基準にはあいまいなところが2つあります。

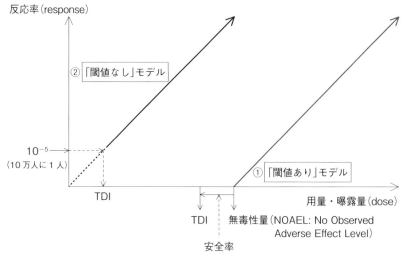

図1　耐容一日摂取量（TDI）の具体的な決め方の例

出典：中西ら（2003）の図を改変

　1つは耐容一日摂取量の「健康に悪い影響を及ぼさないと判断される」の悪い影響というのは具体的には何を指すのでしょうか。環境基準を考えるうえでは、通常は死を指します。死亡するあるいは高い確率で死亡する状態になったら、悪い影響が及んだと考えます。

　もう1つは、「判断される」というところで、だれがどう判断するのかという点です。判断基準は人それぞれなのでそれをどうやって決めるのでしょうか。図1で示します。

2．耐容一日摂取量（TDI）の決め方

●閾値ありモデル

　まず横軸には用量や曝露量を取ります。例えば毒の量です。縦軸には反応率を取ります。反応率とは良くない事象が起こる確率です。この

XY 平面に描かれる曲線を用量反応曲線、英語で「dose-response curve」といいます。

図1の①の線ですが、矢印が左下から右上に伸びています。この右上の状態は、例えばある毒物を人に作用させたときにほとんどの人が死んでしまうケースです。その毒物をどんどん減らしていくと、人へ影響する確率はどんどん減っていきます。そして、まだゼロではない量の毒物に曝露されているにもかかわらず見かけ上反応率がゼロになる点が現れる場合があります。これを閾値といいます。ではここが TDI かというと、そうではありません。ここの点は日本語では「無毒性量」、英語では NOAEL（No Observed Adverse Effect Level）といいます。

これは定義どおりの言葉なのですが、日本語と英語で少しニュアンスが異なります。このようなケースはよくありますが、どちらかというと英語の方が正しい定義になっていることが多いように思えます。今回の定義も英語では、「No Observed Adverse Effect Level」、つまり「悪い影響が見えなくなった点」といっています。一方、日本語の「無毒性量」だと、まるで毒性が無いように感じられます。しかし、毒性が無いのではありません。影響が見えないだけなのです。意味がまったく違うことには注意が必要です。

では、TDI はどこかというと、先ほどの成人と乳児との差があり、乳児にもいろいろバラツキがあるという話から、安全率というものを掛けた数字が TDI になります。安全率は、これも途中の計算過程はいろいろあるのですが、結果的には10倍あるいは100倍とすることが多くなります。したがって、一般には見かけ上反応率がゼロになる曝露量からさらに10分の1や100分の1の量を TDI とするため、TDI はそれを超えたからといってすぐに人に影響があるわけではないということになります。

●閾値なしモデル

　次が重要なところですが、もう1つのモデルがあります（図1の②の線）。こちらは毒物をゼロにしなければ反応率がゼロにならないモデルです。点線の部分は、「わからないところ」です。ほんとうは直線かもしれないし閾値があるのかもしれませんが、反応率が低すぎて、実験や観察をしても見えてこない領域です。ここで困るのが、TDIをどう決めるかです。リスクはゼロにはできないので、ゼロでない値を決める必要があります。そこで一つの現実的な解としては、10のマイナス5乗というレベルを「勝手に」決めて、そこから導き出される量をTDIとする方法があります。10のマイナス5乗とは、10万人に1人は影響が出るかもしれないという意味です。この10万人に1人という数字はまったく科学的ではありません。ではどうしてこの数字が用いられているかというと、歴史的には裁判によって決まる場合が多くあります。

　世の中には、「毒物なのだけれど役にも立つ」という物質がたくさんあります。すると、「その物質を使った方がいいじゃないか」と考える人と、「安全や健康第一に考えて使わない方がいい」と考える人のあいだでせめぎ合いが起きます。そういうとき、日本ではあまり起こりませんが、例えばアメリカだとよく裁判になります。そういう裁判が50年、100年と積み重ねられてきた歴史のなかで、「1万に1人のレベルでいいだろう」とか、「いや100万に1人のレベルじゃないとだめだ」などと議論が重ねられて、いまは「10万人に1人なら多くの人が納得できるだろう」という「current values of society」で決まっている場合が多くなっています。10万人に1人の確率になるようにコントロールしようという価値観です。なお、このレベルは常に10万人に1人の確率というわけではなく、100万人に1人のレベルでコントロールしようという場合もあり、ケースバイケースです。

●どのモデルを採用するか

　「閾値あり」「閾値なし」のいずれのモデルを採用するかですが、実験的な証拠がある場合は、その証拠に従います。またどちらのモデルかわからないときは、閾値なしの考えで進めた方が安全といえます。こちらの考えだと、その毒物を減らしてもリスクはゼロにはできないことになります。そのため、例えば10のマイナス5乗のレベルでコントロールするなら、10万人に1人は影響を受けてしまうかもしれないレベルが最低ラインということです。また、遺伝子損傷性がある発がん性物質、例えば放射線などは閾値なしの考えでコントロールされています。

3．「10万人に1人の確率」でコントロールされる日本の環境基準

　生涯発がんレベルを10のマイナス5乗、10万人に1人のレベルにコントロールするということはどういうことでしょうか。

　国際的にみて人の平均寿命を70年とします。すると、10万人に1人の影響とは、年間で700万人に1人に影響があるかもしれないということです。それは、確実に死ぬということではなく、影響があるかもしれないということで、これを確率的影響と呼びます。すなわち、日本の人口を約1億2,600万人だとして、年間で約17人がその影響によって死ぬかもしれないということです。あくまで確率論ですが、17人が亡くなるかもしれないということを「意外と多い」と感じる人もいるでしょう。それは人の感じ方によってさまざまです。しかし今、日本では年間100万人以上が亡くなります。そのなかで、「ある特定の発がん性物質が理由で亡くなった方」をみつけ出すことは非常に困難でしょう。

　このリスクを他のリスクと比べてみましょう。例えば、交通事故では年間約4,000人の死者が出ています。これはある定義の下で統計に基づいた事実ですので、確定的影響と呼ぶこともできると思いますが、年間3万人に1人ということになります。生涯を70年として10のマイナス5

乗の単位に合わせると233、つまり10万人あたり233人は交通事故死しています。交通事故のリスクというのは事実としてこれくらいあるということです。日本の環境基準はだいたい10万あたり1人にコントロールされているということで、直接の比較は難しいかもしれませんが、相互比較することはできるといえます。この考え方を拡張すると、いろいろなリスクが比較できるようになります。

●厳しくなる環境基準

さて、10のマイナス5乗、10万人に1人という基準について、国の状況や人口などさまざまな要因を考慮したうえで、例えば10のマイナス4乗にするなどの判断があってもいいのではないかと思う人もいるかもしれません。しかし現実的には、今の世界をみていると、地域の事情を勘案して基準を緩めるという方向にはなかなかいかず、特にヨーロッパでは厳しくする傾向がみられます。例えばヨーロッパでは10のマイナス6乗でリスクをコントロールしているケースも見受けられます。

個人的には、あまりにも厳しくしすぎて、あるリスクを完全になくそうとするのは、危険な考え方ではないかと思っています。しかしこれは私個人の意見です。あくまでみなさんが判断基準のものさしを自分でもっていただきたいと思います。私がいっていることがすべて正しいとは限らないのです。

●自分が「10万人に1人」の1人だったら

ところで、「10万人に1人」の1人が自分だったら、あるいは自分の子どもだったら、みなさんどうでしょう。これは非常に難しい問題です。じつは自分自身の問題としてこの問題に直面したことが私にはあります。東日本大震災の福島第一原発の事故が起きたとき、私の妻は妊娠中でした。確率としては非常に低いとは思いましたが、自分の子どもに影響のある可能性を考えました。そして、妻と生まれてくる子どもにとって、ここにとどまるか、ここから逃げるかの判断に迫られました。

このときは、自治体が公表している空気中や水中の放射性物質の量に関する資料を収集し、放射線レベルがどの程度あって、この放射線レベルであれば何パーセントの確率で乳児に影響が出るのか、という可能性について検討し、最終的に、ここにずっと居続けても大丈夫であろう、との判断を下しました。

　みなさんにそういうシビアなケースが起こるかどうかはわかりません。しかしもしそういう事態になったら、各種メディアやインターネットではさまざまな情報が飛び交うとは思いますが、可能な限り自分で情報を集め、自分自身でどう行動するかを判断してもらいたいと思います。私はリスクの専門家ではありませんが、さまざまな情報を集めて自分で状況を判断し、自分自身が納得して、妻にも理解してもらえる説明をしました。今回お話ししたような考え方に準拠して、判断したケースです。

4．喫煙のリスクから見えてくるもの

　リスクを定量的に比較する一つの方法として図2をご紹介したいと思います。これは、さまざまなリスクの要因によって年間何人亡くなるのかという数字を、損失余命という単位に変えたものです。損失余命というのは、人がそのリスクの影響によって平均的にどれくらい寿命が縮まるのかという単位です。単位を換算しただけで、いっていることは同じです。

　図2によると喫煙の全死因は平均的に、寿命を数年から十数年縮めます。あくまで平均なので、まったく問題ない人も入れば、30〜40年早く死ぬ人もいるということです。受動喫煙は120日となっています。これを多いと捉えるか、少ないと捉えるかはみなさんで考えてみてください。

　放射性物質のラドンは10日です。その他にダイオキシンなどいろいろありますが、この図からわかることは、日本での一般的な生活において、

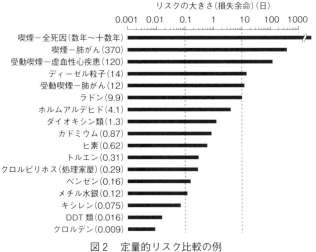

リスクの大きさ(損失余命)(日)

図2　定量的リスク比較の例
日本における化学物質のリスクランキング
出典：中西（2004）

喫煙以上にリスクが高い行為は考えられないということです。

　逆説的にいうと、喫煙をしている人は幸せです。なぜなら、他のどんなリスクも受け入れられるからです。数年から十数年早く死ぬという最も高いリスクをすでに受け入れているので、他のリスクを問題にすることは合理的ではありません。

　しかし、受動喫煙が3番目に高いリスクとなっていることは知っておいた方がいい点です。つまり喫煙は、喫煙者個人のみの問題ではありません。

　人生にはさまざまなリスクがありますが、そのリスクの数字をどう受け取るかは受け手次第であり、その判断をするのは自分自身です。科学的な根拠をもとにして、能動的にリスクを選ぶ判断をしてほしいと思います。

●環境基準はだれのためのものか？

　個人が能動的にリスクを選択する判断について、別の視点からみてみたいと思います。

　なんらかの組織のリーダーを経験したことのある人ならわかると思いますが、複数の人間がいる組織において全員の意見を完全に一致させることはきわめて困難です。国の為政者が最大多数の国民の健康を守るためにつくっているのが環境基準です。環境基準を10のマイナス5乗のレベルでリスクをコントロールをした場合、これは国としては、確率論的に考えて1億2,600万人のなかで17人が影響を受けてしまうかもしれないのは仕方ないということでコントロールしているわけです。

　一方、個人は、自分のリスクを自分で情報を収集するなどして無視するのかいいか、許容するのがいいかを判断することが可能です。

　ですから、環境基準というのは、国とか組織が最大多数の人の安全を守るためにつくられるものであって、リスクを取捨選択することのできる個人一人ひとりの方を向いてつくられているものではないということがいえると思います。

　このことを、「安全」と「安心」という言葉で考えてみたいと思います。よくこの2つの言葉はセットで使われることが多いですが、その意味するところは大きく違うことを認識していただきたいと思います。例えば、国としては、ある根拠に基づいて10のマイナス5乗のリスクレベルを社会で許容しよう、つまり、10万人に1人が影響を受けてしまうかもしれないけれども、それは社会としては「安全」とみなそう、としてリスクをコントロールしていることになります。しかし、そのことについて、「ああ、なら安心だ」と思うか、「でも自分がその10万人に1人にあたるかも知れないから、安心ではない」と思うかは、完全に個人の側に任されていることになります。つまり、国や為政者は、ある定義の下で「安全」を提供することはできるが、「安心」を提供することはでき

ない、ということです。なぜなら、リスクをゼロにできない以上、国や
為政者はある程度の確率で影響を受ける人がいることを前提にリスクレ
ベルをコントロールすることしかできない一方で、どんなにその確率が
低くてもそのことについて「安心できない」と思う人はゼロにならない
からです。

　したがって、「安心」という状態はけっして国や為政者や他のだれか
から与えられるものではなく、自分自身が「安心」と判断しない限り得
られない、ということなのです。

5．環境基準が考慮するもの

●日本の水道水

　これまでの話は人が死ぬかどうかを基準にしていましたが、環境基準
はそれだけで決まるものではありません。例えば水道水の基準値です。
日本の水道水の基準値は世界的にみても非常に厳しいものです。臭素酸
という発がん性物質があって、これは10のマイナス５乗リスクに準拠し
て、0.01mg/L という数字に決まっています。

　興味深いのは、銅と亜鉛です。銅は、だいたい２mg/L を超えなけれ
ば健康への影響はありませんが、環境基準はもっと低くて１mg/L にな
っています。これは、健康への影響とは別の問題で基準が決められてい
ます。銅というのは茶色いので、水道水に銅がたくさん含まれていると
洗濯によって衣類が茶色くなってしまうのです。衣類に色が付くことを
防ぐために基準が決められています。

　また亜鉛ですが、これは有害物質としての基準はありません。亜鉛は
必須元素で、サプリメントが売られているくらいなので、いくらとって
もいいのかどうかはわかりませんが、一応健康には害はないと考えられ
ています。ところが水道水には基準があります。これは、亜鉛が多くな
るとお茶が美味しくなくなるからなのです。お茶の味を損なわない濃度

ということで、1 mg/L という基準が決められています。これこそ、日本文化の「current values of society」なのかもしれません。

このように、環境基準というのは、人の健康ということもありますが、それだけではない身近な価値観も反映されて作成されているものなのです。

● 「お酒は20歳になってから」の根拠

日本では「お酒は20歳になってから」となっています。これは1922年に法律で決められました。しかしなぜ20歳なのかという根拠ははっきりしません。今は、選挙権は18歳からになりました。それならお酒も18歳からでもいいのではないかという考え方もあります。「current values of society」がちょっと揺らいでいるわけです。

そもそも、20歳が「成年」とされたのは、1876年発布の太政官布告によります。当時の日本人の平均寿命は43歳でした。そして、当時の欧米諸国の成人年齢は21歳から25歳とけっこう高い年齢でした。では日本ではなぜ20歳になったのかというと「日本人は他国に比べて精神的に成熟するのが早い」という理由だったのです。いまの日本人の18〜20歳の人たちが他国の同年齢の人たちに比べて、精神的な成熟度が高いでしょうか。しかし当時の日本人はそう思っていたようです。

こういうルールというのは、みなさん自身が一員として参加している社会のなかで決められているのです。

6. 新しいリスクと向き合うために

飲酒年齢の設定ように、歴史的な流れのなかで合意のもとにつくられるルールがある一方で、新しく出てきた物質に対しては、歴史的な背景がないために、ルールの制定が難しい場合があります。

私の専門はリスク学ではありませんが、リスク学では新しいリスクとは何かということを常に考えています。例えば電子タバコです。紙巻き

のタバコほどの有害物質は出ないと考えられていますが、有害か無害かという社会的な知見が整っていないので、どう考えればよいかという問題があります。電子タバコの場合は、リスクを重くみて既存のタバコとあまり変わらない扱いをすることが、現時点では多くなっています。

　一方、逆のケースもあります。例えばシックハウス症候群とその原因物質に関する状況をご紹介します。住居や屋内に由来するさまざまな健康障害の総称であるシックハウス症候群は、建物を建てるときに使われる建材や接着剤などに使われているホルムアルデヒドという化学物質が原因の一つといわれています。そこで、この物質は規制されたのですが、建物を造るのに接着剤を使わないわけにはいかないということで、現在はホルムアルデヒドは含まれていないが、規制されていない化学物質を含む接着剤が使われるようになっています。ただし、この接着剤がどの程度安全なのかは、未知の部分が多いのです。つまり、安全性が確認されるまで家を建てない、というわけにはいかないので、とりあえずは今までに有害とされたもの以外の接着剤を使えばよいという考え方で、こちらはベネフィットが優先されています。人は平均的に8〜9割以上の時間は屋内にいるので、建物の建材からなんらかの影響を受けているといわれていますが、その割には規制が進んでいない分野なので、個人的には関心をもっています。

　今まさに進行中という事態には、よくわからないことが多々あるものです。その場合には、とりあえずは今までにわかっているエビデンスだけでルールを決めておくというケースがあります。このようなケースにおいては、現在のエビデンスが、数年後に科学技術が進歩したときに変化し、以前決めたルールの前提が変わってくることは当然あり得ます。このような場合に大切なのは、今ルールを決めるけれど、何年後か最新の知見を使ってあらためてルールを見直す、というルールをつくっておくことです。例えばアメリカなどでは、ルールのなかにそういう条項を

入れています。そのルールがないと、科学技術の研究者ががんばって最新の知見を得ても、それが政策に反映されないことになります。そのため、非常に重要な条項なのですが、これが日本ではあまり採り入れられていませんでした。最近はようやく採り入れられるようになってきましたが、それでも日本はどちらかというとルールを変えたくない人が多い国だとは思います。

　しかし科学技術は日々進歩しています。将来のある時点になったら、少なくとも見直しはするという考え方は、今後絶対に必要です。

参考文献
中西準子『環境リスク学——不安の海の羅針盤』日本評論社、2004年
中西準子『食のリスク学——氾濫する「安全・安心」をよみとく視点』日本
　評論社、2010年
中西準子・益永茂樹・松田裕之編『演習　環境リスクを計算する』岩波書店、
　2003年
半谷輝己『それで寿命は何秒縮む？』すばる舎、2016年
村上道夫ほか『基準値のからくり』講談社ブルーバックス、2014年

生きるリスクと死ぬリスク
寿命と向き合うファイナンス

中川秀敏

（なかがわ　ひでとし）一橋大学大学院経営管理研究科教授。1972年生まれ。2000年東京大学大学院数理科学研究科博士課程修了。博士（数理科学）。専門は、数理ファイナンス、金融リスク計量モデル。主な論文に、"On Surrender and Default Risks", Mathematical Finance, 23（1）, 143-168（2013）〔共著〕、"A Filtering Model on Default Risk", Journal of Mathematical Sciences University of Tokyo, 8, 107-142（2001）、「相互作用型の格付変更強度モデルによる格付変更履歴データの分析」、日本応用数理学会論文誌、20（3）、183-202（2010）等がある。

1．Life is Priceless

　本書は「生命の経済」がテーマですので、数理ファイナンスという自分の専門に合わせて、「死亡リスク」と「長生きリスク」というものについて、「ファイナンス」すなわち「お金をどのように調達し、どのように使うか」という観点から考えていきたいと思います。簡単にいえば、思ったより自分が早く亡くなってしまう可能性を「死亡リスク」、思ったより自分が長生きしてしまう可能性を「長生きリスク」と表現し、そうしたリスクに対抗するファイナンス手段として、生命保険や年金について考えていくことになります。

　私の学問的な出自は数学ですので、本来であれば数式をたくさん使っての説明を得意としていますが、今回はあまり数式を使わずにご説明することにします。また、このようなテーマで話をする機会は初めてです

ので、やや散漫な内容になるかもしれませんが、ご容赦ください。

「Life is priceless.」という英文があります。これは「人生はとても貴重だ」というニュアンスになるかと思います。「life」は「生命」とも訳されます。「priceless」は要するに、値段がつけられないほど貴重なものだという意味で、「Life is priceless.」という英文には、生命や人生を金銭的価値で表現することに対する懐疑的なニュアンスも含まれていると思われます。

実際に日本で生命保険が始まった頃は、ある意味で「生命をお金で測る」ことになる商品性を忌み嫌う人もいたようです。しかし、現実には生命や人生を金銭的価値と結びつけて考えなければならない場面があります。そうした際に、生命や人生をどのようにお金に結びつけるべきかを考えてみたいと思います。

例えば、自分が家族を遺して急に亡くなったとしましょう。遺された家族は、若い人の場合は親や兄弟姉妹でしょうし、結婚すれば配偶者や自分の子どもになるでしょう。遺された家族が困らないようにするのにどれだけのお金を遺しておくべきでしょうか。もちろん、遺された家族が必要とする金額は環境に依存しますので、一律には決められません。ですので、自分が早く亡くなる可能性に対して「どのように対処すべきか」は自分で考えて決めなければなりません。

また、2019年4月〜5月には、東京都の池袋や滋賀県の大津で小さい子どもを含む死亡者が出る痛ましい自動車事故が相次ぎました。のちほど自転車事故の話題でも触れますが、自分が誤って他人の生命や健康を傷つけてしまった場合には賠償する責任が発生します。もちろん他人の生命や健康を一律いくらでお金に換えることはできませんので、自分が加害者になってお金で償うという可能性に対して「どのように対処すべきか」は自分で考えて決めなければなりません。

その一方で「長生き」する場合にも、お金について考えなければなり

ません。例えば、私は今46歳であと30年ほどは多かれ少なかれ働きたいと考えています。でも、実際に生活を支えるだけの収入を仕事で得られるのはあと20年ほどでしょうか。その先のいわゆる老後生活を支えていくには年金だけで十分とは思えません。老後生活を支えるために、今からでも預貯金や資産運用をしてお金を用意する必要があるかもしれません。結局、長生きに備えて「どのように対処すべきか」も自分で考えて決めなければなりません。

　このように、生命や人生を考えるうえでお金の問題は避けて通れないといえます。そして、早く死ぬという確率的に低い可能性や、長生きするという確率的にはそれなりに高そうな可能性、など未来のいろいろな可能性に自分はどのように対処すべきか、という意思決定を迫られる機会はこれから増えていくことでしょう。

２.「リスク」とは何か
●「リスク」と「不確実性」の違い
　のちほど触れる「生命保険」や「年金」は、死亡リスクや長生きリスクへの対処法の一つではありますが、それが唯一の答えではありません。もともとお金持ちであればどちらの心配も不要でしょう。若い人であるならば、今後の就職・結婚などの人生設計の仕方が、死亡リスクや長生きリスクへの対処法に関係します。また、自分自身がそもそも将来の不確実性に対してどのように向き合う性格なのかも関係してきます。

　人が不確実性に対してどのように意思決定し行動するか、ということについては「意思決定理論（Decision Theory）」という学問領域があります。これに関連して、フランク・ナイト（Frank H. Knight: 1885-1972）という学者が明確に区別をした「リスク」と「不確実性」の違いについて触れておきます。

　「リスク（Risk）」は、不確実な状況でも客観的な確率が既知である状

況を指します。例えば「コイントスの場合は1／2の確率で表が出る」「サイコロを振ると1／6の確率で1が出る」といったことです。

一方「不確実性（Uncertainty）」は、不確実な状況で客観的な確率がわからない状況を指して使います。なんとなく確率が予想できても、その確率にコンセンサスがとれていない場合は「リスク」ではなく「不確実性」といった方が適当でしょう。

ですので、ナイトの区別に厳密に従えば、「リスク」といえる範囲は意外と狭く、「不確実性」を使うことが多いと考えことになるでしょう。ただし、あとで触れますが、人の生死に関しては、年齢別の死亡率という統計的な意味での「確率」を論じることはいちおう可能なので、「リスク」という表現を使って話を進めていきますので、その点にご留意ください。

●リスクマネジメントの基本──ロス・コントロールとロス・ファイナンス

リスクマネジメントの一般論として、「ロス・コントロール」と「ロス・ファイナンス」という2つの考え方があります。通常これらの考え方は、企業のリスクマネジメントという文脈で使用されることが多いです。しかし、「リスク」に関する規模や性質の違いはあれど、リスクマネジメントという意味では、一個人と企業では本質的な違いは基本的にないと考えます。

まず「ロス・コントロール（Loss Control）」は、損失につながるなんらかの事象が起こる可能性がある場合に、損失の期待値を小さくするように「コントロール」する対処法です。損失の期待値は「ある事象の発生時の損失額×その事象の発生確率」で求めます。そのため、対象事象の発生時の損失額を小さくするか、もしくは発生確率を小さくすれば、損失の期待値は小さくなります。

例えば、工場での不良品の発生や爆発事故といった損失事象の発生確率を減らすために、工場設備の検査を頻繁にするという対応が考えられ

ます。あるいは、従業員教育によりミスを減らす方法もあります。1回あたりの被害を小さくするには、安全装置を取りつけるといったことが考えられます。このように「ロス・コントロール」に含まれる手法は、なんらかの「アクション」を通じて事故の発生そのものや事故発生時の被害をできる限り少なくしようという考え方に基づいています。

　一方、損失を出す事故が実際に起こったときには、金銭的な解決が必要になることが少なくないので、そうした将来の損失に対して金銭的にどう備えるかという視点なのが「ロス・ファイナンス（Loss Finance）」と呼ばれるアプローチです。例えば、会計でも何か起こった際に支払いをするための金銭をプールしておくために「引当金」や「準備金」といった項目がありますが、これらも「ロス・ファイナンス」の一種といえます。また、事故が起こった際には保険でカバーするという考え方もあります。さらに、金融市場では金融デリバティブという商品がリスクの回避目的で取引されています。いずれにしても「リスク」を金銭的な価値に換算して対処することが「ロス・ファイナンス」の要諦になります。

●意思決定の４つのタイプ──あなたはどのタイプ？

　少し脱線します。「不確実性」にどのように向き合うかという点について、経済学者の小島寛之氏の著書『数学的決断の技術──やさしい確率で「たった一つ」の正解を導く方法』に掲載されていた問題（設定と数値は若干改変）で考えてみましょう。

　これは、あなたの不確実性に対する向き合い方を探る問題となっています。各シナリオの確率について言及していないので、「リスク」ではなく「不確実性」という言葉を使っています。

　あなたはあるビジネス上の戦略を実行しなければならないとします。選択肢は４つです（図１）。自分ならどの選択肢を選ぶか考えてみてください。

あなたには、4つの未知の政治シナリオに対する4つの戦略の効果に関する確度の高い予測レポートが示され、1つの戦略を選択しなければならない。
あなたは戦略1〜戦略4のどれを選ぶか？（下表は、候補となる戦略の政治シナリオごとの収益予測を表したもの）
※ただし、政治シナリオの実現確率については明らかでないとする。

	シナリオA	シナリオB	シナリオC	シナリオD
戦略1	1億円	0	0	1億円
戦略2	4億円	−1億円	−1億円	0
戦略3	2億円	−1億円	0	2億円
戦略4	3億円	−1億円	−1億円	1億円

図1　4つの戦略の各政治シナリオに対する収益予想

出典：小島（2013）p. 19の図表1−1を原案として筆者作成。

　表の見方ですが、例えば戦略1を選択した場合、シナリオAとシナリオDが実現したときは1億円を稼ぐことができ、シナリオBとシナリオCが実現したら何も得られない、ことを意味します。同様に、戦略2を選ぶと、シナリオAが発生すれば4億円稼げますが、シナリオBとシナリオCが発生すると1億円損することになり、シナリオDでは何も得られません。

　このような設定において、4つの中から戦略を1つだけ決めなければならない状況としましょう。そうした場合、人びとはどの戦略を選ぶのでしょうか。この問題の元ネタである小島氏の著書の解説によると、おおむね意思決定には4つのタイプがあるそうです。

　戦略1は、ほかの戦略ではマイナス1億円という損失が発生する可能性があるのに対して、最悪でも損失はゼロという選択肢です。つまり、各戦略の最悪の結果を比べたときに、そのなかでも最も被害が小さくなっているものが戦略1です。これは「Max-Min基準タイプ」と分類されています。基本的に、損失を回避したいという思いが強い方が選ぶ意思決定のパターンで、一般的にこのタイプの人は多いようです。

戦略2は、シナリオBとシナリオCが発生すれば1億損をする可能性もありますが、シナリオAが発生すれば全体での最大値である4億円がもらえます。その意味で、戦略2を選ぶ人は、最高利益の可能性があればそれを追及するギャンブラータイプで「Max-Max基準タイプ」とされています。小島氏の著書によれば起業家が選択することが多い選択肢だそうです。宝くじを買ったり、競馬で大穴を狙いにいったりする方もあてはまるかもしれません。

　戦略3は、次の意味で収益の期待値を最大にするような選択肢になっています。確率は具体的に与えられていませんので、4分の1ずつの確率で各シナリオが発生すると予想するのが自然でしょう。この場合、期待値は全シナリオの収益額の和を4で割ると求められますので、期待値の大小は全シナリオの収益額の和の大小に一致します。収益額の和は、戦略1が2億円、戦略2が2億円、戦略3が3億円、戦略4が2億円です。したがって、収益の期待値が最大となるのが戦略3であり、戦略3を選択した方は、適当な確率を想定して期待利得を最大化しようと意思決定しようとしているとみなせるので「期待値基準タイプ」と考えられます。こちらも一般に多いタイプのようです。

　戦略4は、一見してその特徴がわかりにくいのですが、じつはシナリオ1〜4のどれが実現しても、すべての戦略のなかで2番目にベストな収益が得られる戦略になっています。例えば、シナリオAが実現した場合、戦略2であればベストの4億円ですが、戦略4だと3億円で、ベストな4億円の場合に比べて1億円少ないだけで済み、戦略1や戦略3よりもベストからみたときのマイナス分が小さくなっています。他のシナリオでも確かめてみてください。つまり、「各シナリオでベストだった結果を達成できなかったことに対する後悔というかガッカリ度が最も少なくなる」という選択肢であり、「最大機会損失・最小化基準」と表現できるものです。レナード・ジミー・サベージ（Leonard Jimmie

Savage）という統計学者が提唱した意思決定の基準ということで「サベージ基準」と呼ばれます。このタイプを選択する人は少ないと小島氏の著書にも書いてあります。

　この問題は一つの例にすぎませんが、「不確実性」な状況で意思決定する際に自分がどのような基準によることが多いタイプであるか、を考えることは死亡リスクや長生きリスクを考えるうえで意味があると思います。

3．死亡リスクへの備え

●死亡リスクと保険

　閑話休題。死亡リスクと保険の話に移りましょう。保険会社の立場からみると、「死亡リスク」とは想定よりも早く亡くなる方が多い場合に保険金の支払いが多くなるリスクを意味し、英語でMortality Riskと表します。一方で、保険に加入する個人からみれば、「死亡リスク」は一家の家計を支える人物が想定よりも早く亡くなり、残された家族の生活費が不足する可能性と考えられますね。ここでは、個人の視点で死亡リスクを考えていきましょう。

　毎年、厚生労働省は前年に亡くなった方の人数を、年齢別で調査をしています。平成29年（2017年）のものを、図2に示します。

　実線が男性で、破線が女性です。平成29年においては20歳男性の死亡率は0.042％。ですから、その人口が10万人と仮定すると42人が亡くなったという見方ができますね。20歳女性の死亡率は、0.019％です。

　当然、年齢が上がると亡くなる確率は高くなります。生まれてすぐの時期は亡くなりやすい時期もありますが、いったん落ち着いてからは、年齢が上がるにつれて死亡率も上がる傾向になります。生命保険料を計算するときなどは、死亡率の数値を根拠に計算をすることもあるため、一般的に年齢が上がると保険料が高くなるのです。この死亡率などの統

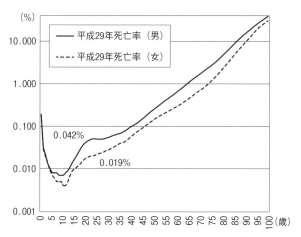

図2　平成29年簡易生命表：年齢別1年死亡率（対数表示）

注：日本在住の日本人について、平成29年1年間の死亡状況が今後変化しないと仮定したときの、各年齢の者が1年以内に死亡する確率とみなせる（縦軸は常用対数スケール表示）。グラフの値は「20歳」の男女それぞれの1年以内死亡率。

出典：厚生労働省が発表した「平成29年簡易生命表」を元に筆者作成。

計を基に、さまざまな保険の計算がおこなわれているわけです。

　例えば、学生のみなさんが大学を卒業して就職すると、生命保険の営業を受けることがあるかもしれません。生命保険は死亡リスクに対するロス・ファイナンスの一つの手段で、基本的に被保険者（保険の対象になっている人）が亡くなった際にお金が得られることができる契約になりますが、大まかに定期保険、終身保険、養老保険の3つの種類に分けられます。

　定期保険は保険料を掛け捨てするタイプです。例えば、10年の保険料の払込期間のうちに亡くなれば死亡保険金が支払われますが、期間内に死亡しなければ基本的には何も支払われません。しかし、掛け捨てなので保険料は安く済みます。

　終身保険は、契約が一生涯続き、亡くなったときに保険金が支払われるタイプです。ただし、保険料をある程度の長い期間払い続ける必要が

あり、トータルでの保険料の支払い額は高くなります。保険会社の営業の方が勧めることが多い商品ですね。

　養老保険は、契約期間中に亡くなれば保険金が支払われますが、どちらかというと貯蓄性が重視された商品で、生きたまま契約の満了時点を迎えたときに支払われる満期返戻金を期待することになります。トータルで支払う保険料が最も高く、死亡保険オプションが付いた貯金といった感じです。

　私はじつは上記のどれにも入っていません。生命保険に入らず、預貯金や投資によって自分の金融資産を増やしていくという選択をしたからです。しかし、病気による入院に備えて医療保険には入っています。

●保険料の算定方法

　それでは、保険料はどのように決めるのでしょうか。原理は簡単です。例えば、先ほど挙げた20歳の男性１万人を集めます。死亡保険金を1,000万円に設定します。このような定期保険を始める場合に、１人あたりいくらの金額を集めるべきか。これを保険料といいます。どのように考えるかというと、１万人からＰ円集めることを「１万人×Ｐ円」という計算式にします。そのうち、不幸にして亡くなる方がいれば、１人あたり1,000万円の払い出しがあります。不確実性があるので、実際に何人亡くなるかはわからないですが、統計によれば0.042％ですので、１万人いればおよそ4.2人が亡くなるという想定ができます。死亡率の計算の背後では、「大数の法則」という考え方が使われています。確率論の授業で聞いたことがある人もいるかもしれませんね。

　したがって、保険会社の支払う保険金の期待値は「1,000万円×4.2（人）＝4,200万円」ということになります。保険料収入と支払い保険金の期待値が均衡するように１人あたり保険料Ｐを求めるには、両者が等しいという方程式をつくって解けばよいことになります。

$$1（万人）× P（円）= 4,200（万円）⇒P = 4,200円$$

　これは保険の「収支相等の原則」と呼ばれる保険料算出の考え方の基本です。保険商品の種類は多種多様ですから、実際の保険料の算出は容易ではありませんが、集める保険料の総額と支払う可能性のある保険金の金額が均衡することを基本にしています。ただし、亡くなる方が平均死亡率による想定人数より多くなる可能性もあり、保険金の支払いのための資金に余裕をもたせる必要もあります。また、保険会社は経費もかけていますし利益を出す必要もあります。実際の保険料は、収支均衡に基づいて求められた期待値としての保険料に、不確実性や経費や利益などを勘案していくらか上乗せされて決まることになります。

　保険に関する計算は、「アクチュアリー（Actuary）」と呼ばれる専門資格をもつ人がおこなっています。私も詳しくはないのですが、アクチュアリー記号と呼ばれる独特な記号を使った複雑な計算をしているようです。保険の数理に関心のある方は、アクチュアリーを目指すのもよいかもしれません。

●保険加入は合理性か

　それでは、保険に入る合理性について考えてみましょう。図3を見てください。先に考えた「不確実性」に対する向き合い方の問題と同様に、4つのシナリオと4つの選択肢で考えてみました。シナリオは「若くして死亡」「平均余命あたりまで生存」「投資に成功し長生き」「投資に失敗し長生き」の4つで、それに対する選択肢は「保険未加入」「定期保険」「終身保険」「養老保険」の4つです。

　各選択肢にシナリオごとの「満足度」を適当に与えてみました。例えば、「保険未加入」場合であれば、投資も成功して長生きであれば最高ですが、若くして死亡したり、長生きしても投資に失敗したりすれば最悪でしょう。そのような感覚をもとに、満足度はざっくりと数値で与え

	若くして死亡	平均余命あたり まで生存	投資に成功し 長生き	投資に失敗し 長生き
保険未加入	0	1	4	0
定期保険	3	2	3	1
終身保険	2	2	2	2
養老保険	2	3	2	1

●保険未加入→【Max-Max基準タイプ】と整合
●定期保険　→【サベージ基準（最大機会損失・最小化基準）タイプ】と整合
●終身保険　→【Max-Min基準タイプ】
●養老保険　→【期待値基準タイプ】（「平均余命」の確率が比較的高めと考える
　　　　　　　　だろう）
なお、同じ人において「低頻度×高損失」事象に対する意思決定基準が、通常の
場合の基準と異なっても不思議はない
　　　　→「行動経済学」とか「行動ファイナンス」

図3　4つの保険加入に関する選択肢の各人生シナリオに対する「満足」度

注：筆者が例示のために作成したものであり、一般的に通用するものではないことをお断りして
　　おく。

ています。

　さて、このようなシナリオと選択肢に対する満足度を意識したとして、みなさんはどのような選択をするでしょうか。先の「Max-Max基準」タイプの方は、きっと「保険に入らない」を選ぶでしょう。長生きできるし、自分で運用して成功すると過信していそうなタイプです。また、「Max-Min基準タイプ」の方は、どんなに悪くても必ず2の満足度を得られる「終身保険」を選ぶでしょう。「養老保険」は「期待値基準タイプ」の方が選ぶことになりそうです。平均余命あたりまでの生存確率を高めに見積もる傾向があるでしょうから、その際に満足度が3と最も高い「養老保険」が魅力的になると思われるからです。残った「定期保険」については、「サベージ基準（最大機会損失・最小化基準）」となるべく整合するように満足度の数値を設定しました。とりあえず平均余命程度は生きられそうな場合にセカンドベストな結果は得ていたいという

観点ですね。

●人は非合理的な選択をすることもある

　図3は小島氏の著書の問題を参考に私が大まかに作成しただけのもの
ですが、自分の将来設計を考える際にも、こうした選択肢とシナリオの
関係を考えてみるとよいかもしれません。ただし、投資やビジネスで儲
けようとしてリスクをとるという視点と、自分が死ぬかもしれないリス
クに備えるという視点では、意思決定の仕方が違う場合があります。

　例えば、若くして亡くなることを心配して死亡保険金の高い保険に加
入する行動は、ある意味で「宝くじに当たることを期待する」と似てい
る部分があります。よく「宝くじは算数ができない人への税金だ」とい
う言われ方もしますが、受取当選金の期待値と宝くじの値段を冷静に比
べると、宝くじを買う行為は割に合いません。しかし、保険の場合はそ
の「万が一」が起きた場合の損失に備えるものです。「宝くじに当たれ
ば1億円もらえる」といった低い確率でしか起こらない夢物語には関心
がない人でも、同様に低い確率でしか起こらない「若くして亡くなれば、
残された家族に1億円必要」といった万が一のシナリオを危惧して、高
い保険料の生命保険に入ろうとする人はそう珍しくないでしょう。

　このように人の意思決定の仕方が必ずしも合理的ではないことは、行
動経済学や行動ファイナンスという学問分野で扱われています。この点
は後日おこなわれる行動経済学の講義で扱われそうなので、そちらに譲
ることにします。

　また、働きはじめるとわかりますが、保険に入っていると支払う所得
税を減らすことができたり、終身保険が相続税対策になったりすること
もあり、税金対策を理由で保険に入っている方もいらっしゃいます。

●損害保険

　最近は、自転車事故も大きな問題になっており、自転車保険の加入も
推奨されています。埼玉県や相模原市の条例では自転車保険の加入が義

務づけられており、東京都も加入を推奨しています。

　スマホを見たり音楽を聴いたりしながら自転車を運転する「ながら運転」や、自転車による車道の右側走行は刑事罰の対象になり得ますし、ショッキングな事故も起こっています。11歳の小学生が歩行中の62歳の女性を植物状態にしてしまった自転車事故について、裁判で9,500万円の賠償が命じられました。他にも、高校生の運転する自転車事故の被害者が、負った障害のために仕事を辞めなければならなくなったケースもあり、裁判で賠償金の支払いが命じられました。賠償金はいずれも数千万円単位であり、子どもが起こした事故に対しては本人には支払い能力がないため親が支払うことになります。要するに、子どもが自転車事故の加害者になるリスクも考える必要があり、そのために自転車保険の加入という選択肢もあるということです。

　自転車保険は、生命保険ではなく損害保険の領域に属するもので、一般には交通事故に対する傷害保険に「個人賠償責任特約」が付加された保険商品です。個人賠償責任特約は、通常の火災保険や自動車保険などに付随していることも多く、日常生活において自分や同居する家族が他人にけがを負わせたり、持ち物を壊してしまったりしたときに、数億円など高額な場合でもカバーしてくれるような内容です。私が加入している火災保険にもこの特約が付随しています。

　また、医師の場合は医療事故で医療ミスについて訴えられる場合に備えて、裁判費用や賠償に備える医師賠償責任保険という商品があります。職業によってはこのように特殊な保険があります。他人の生命や人生を奪ってしまうことに対するリスクの大きさがうかがい知れます。

4．長生きリスクと年金
●長生きリスクと年金
　ここからは、「長生きリスク（Longevity Risk）」の話になります。こ

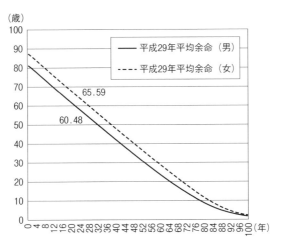

（歳）

凡例:
平成29年平均余命（男）
平成29年平均余命（女）

65.59
60.48

0 4 8 12 16 20 24 28 32 36 40 44 48 52 56 60 64 68 72 76 80 84 88 92 96 100（年）

図4　平成29年簡易生命表：年齢別平均余命

注：日本にいる日本人について、平成29年1年間の死亡状況が今後もずっと変化しないと仮定したときに、各年齢の者が「あと平均何年生存できるかの期待値」と解釈できる。グラフの値は「20歳」の男女それぞれの平均余命。

出典：厚生労働省が発表した「平成29年簡易生命表」を元に筆者作成。

れは保険会社や年金基金など、年金商品を提供している側からみて、想定より長生きする加入者が多いために、払う年金額が多くなってしまうリスクという意味合いになります。

　一方、個人にとっての長生きリスクは、長生きしすぎてそれまで貯蓄したお金では生活費が賄えなくなる可能性のことを指しているといえます。

　さしあたり長生きリスクを考える際には、平均であとどれほど生きられるか（平均余命）に注目することになります。平成29年分の計算では、20歳の人の場合、女性は平均65.59歳、男性は60.8歳平均余命があるということです（図4）。女性の方がより長生きできそうですが、男性も平均して80歳ぐらいまでは生きられるという話です。実際に働いて収入が得られるのはせいぜい70歳ぐらいまででしょう。その後10年近くはどうお

金を工面するかを考えねばなりません。100歳まで生きる場合は、さらに20年間お金のことを考慮しなければならないわけです。

国民年金は20歳になると国籍を問わず日本に住んでいる者はすべて加入しなければならない制度です。しかし、若い人たちが「年金離れ」を起こしているといわれています。40代後半の私の世代でも、年金を受け取れるのはまだ先の話ですし、もっと若い世代の人からすれば「年金」といっても実感がわかなくても当然の話です。

さらに問題なのは、私たちはいつからいくら受け取れるか、そのためにいつまでいくら支払わなければならないのかという点です。これは制度が何度も変わっていますので覆されることが前提です。そうしたことを勘案したうえで、結局損なのか、得なのかを考えてみましょう。

厚生労働省のデータ（図5）を確認してみると、20代前半では多くの人が納付していますが、後半になると結構減っています。それでも50%以上の人は納付をしていますね。だんだん年齢が上がるにつれて、働く人の給料から源泉徴収によって強制的に納付させられるので、納付率は上がり、平均して66.34%になります。簡単に考えれば3人に2人しか納めていないということですね。一方で、単純に人数割りで考えられる話ではないので、実際に納付していない人は2%程度だという計算もあります。これは国からの説明ですので、こうした話もあるという補足にとどめておきましょう。

実際の年金給付額については、銀行や保険会社などがシミュレーションできるウェブサービスを提供していますので、入力してみてください。例えば、22歳で就職して、令和2年から令和40年まで38年間勤めて、その間の平均年収が700万円だったとすると、国民年金と厚生年金を合わせて老後におよそ月20万円くらい、年間で230万円程度、もらえるといった計算結果が示されます。現行制度では、この金額が65歳から生きている間ずっともらえることになります。一方で自分が納める年金保険料

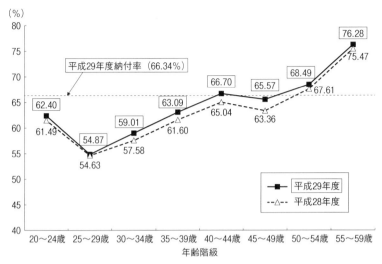

図5　若者の年金離れ？
注：納付率は「納付対象月数（当該年度分の保険料として納付すべき月数）」に対する「当該年
　　度中に実際に納付された月数」で計算。
出典：厚生労働省による平成29年度国民年金の加入・納付状況より「年齢階級別納付率」のグラ
　　　フを引用。

　の合計額は、厚生年金を含めて約1,900万円になります。単純に計算す
ると、65歳から8年生きていればもらえる年収で回収される金額という
ことになります。つまり、日本の年金システムが現状のまま存続すると
いう前提であれば、80歳くらいまで生きることを考えると年金には入っ
ておいたほうが得という計算になります。
　しかし、年金制度は変革の時期に来ていますし、制度の見直しや変更
はこれからも頻繁におこなわれるでしょう。すでに支給開始年齢65歳を
70歳に引き上げようとする案も検討されています。支給開始は75歳まで
延長することができ、延長すればその後にもらえる年金額が増えるよう
な制度設計だという説明です。65歳からもらえるはずものが75歳からし
かもらえなくなると「長生きリスク」に対する判断も変わってくるかも

しれません。とはいえ、年金制度が破綻するということは、日本という国自体が破綻している状態で、そうなったら別次元の話ですので、年金制度が破綻はしないという前提を信じて、年金保険料を納めていくのが賢明な判断かなと思います。

　また、年金の役割は、年を取ると給付される老齢年金だけではありません。けがなどで障害を負ってしまったり、亡くなってしまったりした際のリスクに備える給付制度があります。つまり、生命保険に入らなくても年金である程度は障害や死亡に対する金銭的なカバーできるようになっているのです。

●長生きリスクに対する年金以外のファイナンス手段

　ところで、公的年金が「自分が納めた年金保険料を国や企業が積み立ててくれて、老後に払い戻してくれる」というイメージをもっている人もいるかもしれませんが、それは違います。あくまでも公的年金は「賦課方式」という、現在働く世代が納めた年金保険料が、そのまま現在のお年寄りの年金として支給されるというのが基本的な仕組みです。これを「ねずみ講だ」と批判する方もいます。つまり、自分よりあとに続いて年金保険料を納める人が少なくなれば、結局自分の老後に回ってくる額は少なくなるじゃないか、という批判です。少子化という現実を考えると、若い人ほど年金に対して不信感があっても当然ともいえます。しかし、私個人の考えでは、長生きリスクに備えるためのベストな方法は公的年金加入だと思います。それ以外の方法は、健康への投資をしたり、無理のない長期的な資産運用をしたりすることくらいでしょうか。

　とはいえ、実際には公的年金以外にも長生きリスク向けの金融商品がいくつか用意されています。「iDeCo（イデコ）」と呼ばれる個人型確定拠出年金は、運用する金融商品を自分で選ぶタイプの年金です。これは節税という点からも勧める識者は多いです。また、将来の支給額が決まっていない「変額年金」と呼ばれる商品も購入が可能です。ただし、年

金受取額が非常に低くなるリスクもあります。他にも、自宅など不動産を所有していると「リバースモーゲージ」も選択肢になり得ます。「モーゲージ」とは家を買うために借りる住宅ローンという意味ですが、「リバースモーゲージ」は、自分が亡くなったときに自宅を譲渡する代わりに、生存中に資金を借りることができる制度です。自分の子どもに自宅を相続する必要がなく、自分が亡くなったあとには自宅にだれも住まなくなるような人には向いているように見えます。

5．お金こそ人生でもっとも大切なもの？

　ここまで「死亡リスク」や「長生きリスク」に焦点をあてることで、生命を大切にしてよりよい人生を送るためにはお金は必要だという話をしてきました。もちろん「若いうちに保険に入れ」とか「20歳になったら年金保険料を納付しろ（そしてみなさんが私の老後を支えてね）」といいたいわけではありません。

　結局、学生のみなさんが卒業して、サラリーマンになろうと、起業家になろうと、ユーチューバーになろうと、いずれにしてもお金に関して考える機会は増えてきます。そのときになってお金について勉強することでもよいのですが、私の話を聞いて、他の人たちより少し早いタイミングでお金のことを勉強しようという気になってくれればよいな、と思い今回お話をさせていただきました。

　「世界の著名人が語る「お金」にまつわる人生哲学・名言集」というウェブサイトには、古今東西のさまざまな人のお金に関する言葉が掲載されています。お金は大切だという人もいれば、お金に振り回されるのはだめだという人もいます。このなかから私が考えていることに近い言葉を紹介しましょう。アイルランドの詩人・劇作家のオスカー・ワイルド（1854-1900）の言葉だそうです。「"When I was young I thought that money was the most important thing in life: now that I am old I know that it is."（筆者訳：若いときの自分は、金こそ人生で最も大切なものだと思っていた。今、歳をとってみると、まったくそのとおりだと知った）」。

　みなさんはだれのどんな言葉に共感するでしょうか？

参考文献

小島寛之『数学的決断の技術──やさしい確率で「たった一つ」の正解を導く方法』朝日新聞出版社、2013年

S. E. ハリントン、G. R. ニーハウス『保険とリスクマネジメント』（米山高生・箸方幹逸監訳）東洋経済新報社、2005年

ウェブサイト「世界の著名人が語る「お金」にまつわる人生哲学・名言集-MSN.com」。URL https://www.msn.com/ja-jp/money/news/世界の著名人が語る「お金」にまつわる人生哲学・名言集/ss-BBqgLnI（2019年12月12日時点アクセス可）

動物の生死と人類
屠畜と肉食の文化人類学

宮本万里

（みやもと　まり）慶應義塾大学商学部准教授。
2006年京都大学大学院アジア・アフリカ地域研究
研究科研究指導認定退学。博士（地域研究）。専
門は、政治人類学、南アジア地域研究。著書に、
『現代文明の危機と克服——地域・地球的課題へ
のアプローチ』（共著）日本地域社会研究所、
2014年、『自然保護をめぐる文化の政治——ブー
タン牧畜民の生活・信仰・環境政策』風響社、
2009年。

はじめに

　文化人類学というのは、単純化していうと、主に欧米社会の研究者が
アジアやオセアニア、アフリカ大陸などに広がる「開発途上国」とか
「未開の地」といわれる場所に行き、その社会の構造や文化を「発見」
し、分析し、伝達する学問として始まりました。しかしその後、「未開
社会」をあたかも何百年も変わらない閉じた社会として描く民族誌のか
たちは否定され、それらを外部社会との多様な関係性のなかで変容し得
る、動的で開かれた社会として捉え直すようになっていきます。

　また昨今の文化人類学では、人間の立場からのみ世界をみて理解する、
というこれまで当たり前におこなわれてきたものの見方に対する懐疑が
生まれており、人間非中心主義的な人類学、すなわち、さまざまな生き
物の視点からみた世界を考えるマルチスピーシーズ人類学という分野も
生まれています。

　本章では、ブータンという、長らく未開の秘境として知られてきた社

会の出来事を取り上げながら、その社会の人びとの生活世界や生き物とのつながりがどのようにグローバルな文化政治や国家の政策、宗教などと相関しながら変容しつつあるのかを考えてみたいと思います。その際、特に牧畜という生業における人と社会、そして人と生き物の関係を、その生命を奪う「屠畜」やその帰結としての「肉食」いう観点から考えてみようと思います。

そのためにまずは、生業としての牧畜の特性を整理し、その後、家畜を屠る労働とその担い手、肉食をする人びとと社会との関係を、インド、日本、ブータンの事例を比較検討しつつ考察します。

１．動物の家畜化と人間の労働

身近にあるものを採取し、狩猟し、それらを糧に暮らしていく狩猟採集という生存の方法は、太古から存在したとされます。その後人類は狩猟の対象であった野生動物を、徐々に家畜というかたちにドメスティケート（家畜化）し、自分たちで管理できるかたちに変えたり、あるいは遊動的な生活から定住的な農耕生活へと移行していきました。そうした変化にともない、村などの集合的な単位が発展し、さらに都市などが形成されていきました。

現在までに、遊動的な狩猟採集のみを生業とする人口は大きく減少しましたが、牧畜はさまざまなかたちで残っています。先行研究によれば、最初に牧畜が隆盛したのは主に西南アジアで、そこでヤギやヒツジやその祖先野生種が人間と関わりをもつようになり、そこで初めて牧畜という形態ができたとされます。つまり、野生動物の狩猟という時代を経て、野生動物を緩やかに家畜化し、飼育・管理する時代へとゆっくり移行したと推測されているのです。しかし、牧畜は人類にとって自明な生業ではなく、人びとは必ずしもそれに向かって計画的に進んでいったわけではなかったともいわれます。例えば、草原に自生する野生ムギ類は、当

時の人間にとって最も重要な食料の一つでしたが、放っておけばそれは野生動物に食べられてしまう危険があります。それを避けるために人類は、ヤギやヒツジなどの野生動物をコントロールする技を徐々に身につけていったというわけです（松井 1989年）。

　ヒツジの群れのコントロールであれば、「去勢牡誘導羊」と呼ばれる羊が非常に重要な役割を果たす、という報告があります。牧畜民は、リーダーとなるヒツジを選び、自分たちによく慣れさせたうえで、そのヒツジが群れを率い、誘導するシステムをつくり出しました（谷 2010年）。つまりこれによって、人が動物の群れに介入し、管理する、「牧畜」というかたちができたわけです。

　では、牧畜に関わる労働にはどのようなものがあるでしょうか。世界には牧畜で有名な地域がいくつもありますが、その一つがアフリカです。サンプルとして、東アフリカのケニアに暮らす遊牧民の場合をみてみましょう（湖中 2009年）。牧畜という生業にはじつに多くの労働が含まれています。①家畜を森や草原に連れていき、草を食べさせる放牧労働。②家畜に水を与えるために水場に連れていき、また家畜小屋に水を運ぶ給水労働。それから、③家畜がすべてそろっているかを確認する作業。これも重要な労働の一つです。もし1頭でもいなければ、④その家畜を探すことも放牧労働に加わります。家畜は、人間と同様に病気になればけがもするので、⑤家畜の治療も牧畜民の労働の一つとなります。

　また、群れの管理のためには、⑥生殖をどう管理するかがとても大切です。そこには、家畜の去勢や交尾の管理など、繁殖に関わる事案が重要となります。これが極端なかたちで進んでいくと、出産や交尾などの再生産を機械的に管理し、母親の乳量を統制する畜産業という形態に発展していくわけです。

　放牧する牧草地の外には、ライオンやトラ、ヒョウなど、家畜を襲撃する野生動物が多く存在します。特に生まれたばかりの子ヒツジなど、

動きが鈍く弱い家畜は、専従の牧夫（婦）がいなければすぐに外敵に襲われてしまいますので、⑦外敵から守らなければなりません。耕作や交配に利用する大きな角をもった雄牛などは、農村部では森に放置されたままであることもしばしばですが、牧草地でも農村部でも、中型小型の動物は常に牧夫（婦）が守らなくてはなりません。

　その他には、⑧搾乳労働があります。日本ではウシの乳が最も一般的ですが、モンゴルだとウマの乳も利用されており、イタリアなどではヤギの乳がチーズづくりに広く利用されるなど、世界ではいろいろな家畜の乳が食用として使われています。そして、搾乳労働の先には、バターやチーズづくりなどが発展的に存在しています。

　そして最後の労働として、今日の話の中心となる、⑨屠畜と解体労働があります。私たちは普段スーパーマーケットなどで、小さくスライスされ、きれいにパッケージされた肉しか目にしません。しかし牧畜社会では、家畜が殺され、皮を剝がれ、枝肉にされ、内蔵が洗われ食用にされる、すべてのプロセスをみることができます。家畜を屠ることとそれを解体することは当然ながら食べることとセットになった労働なのです。

　屠畜・解体に際しては、肉と同時に、⑩剝いだ皮を利用することも大切です。なぜなら、あまり資源のない牧畜専従地域などでは、動物の皮をなめして利用することによって、さまざまな財を生み出すことができるからです。したがって家畜の皮の加工労働が屠畜や解体と結びついている場合も非常に多いのです。

２．日本における屠畜と肉食

　ここまでの話で、遊動的な牧畜という生業について、ある程度のイメージをもっていただけたと思います。日本に遊牧民はいないし、関係ないと思う人もいるかもしれませんが、家畜としてのウシやウマなどは定住的な農耕社会においても使われてきました。ウシの力を借りて畑を耕

す牛耕に利用したり、酪農のように搾乳を目的に定住的に家畜を飼養するケースもあります。例えば日本の場合も、両者は昔から農耕用の役畜でした。戦国時代にはよいウマをもつことが武将にとってのステータスであり、ウマを育成するとことが重要な仕事となったりもしました。

　このように、ウシやウマはかなり昔から家畜として日本の生活に入ってきていましたが、それらの肉を食べる習慣は、歴史的にみると隣国の中国や朝鮮から入ってきた比較的新しい習慣だとされています。しかし、こうした肉食の習慣に対しては、禁令が何度も出されてきました。

　普段、私たちの多くは宗教をあまり意識せずに暮らしていますが、歴史的にみても日本は仏教が根づいてきた国だといえます。例えば7世紀には、天武天皇により肉食禁止の詔勅が出されています。殺生戒、つまり殺してはいけないという仏教の教えにより、屠畜の結果としての肉食が禁じられたのです。ただ実際には、この禁止令の遵守は不徹底で、みんな隠れて食べ続けていたという説もあり、仏教における殺生戒が当時の人びとにまだそれほど影響をもっていなかったことがわかります。肉食禁止令は、仏教的な観点からというよりは、貴重な役畜であるウシやウマが食べられてしまっては困るという理由から出されたのではないかという意見があるのはそのためです。

　そのうちに、不浄観をともなう神道が入ってくると、肉を食べるという行為自体が汚れている、穢れているという感覚が生まれ、多くの人、特に社会の上層の人たちが肉食を忌避するようになります。しかし、皮は武具や鎧、馬具などさまざまなものに使われるので必要です。肉も活力源として武士層にはたいへん人気があり、実際には武士層や庶民のあいだでは牛馬の屠畜は日常化していたともいわれます。肉は薬効があるともされたため、人びとは肉を薬と称して食べ続けたという記録も残っています。

●被差別部落における屠畜と肉食

　それでは、仏教的な禁忌や神道の不浄観に触れるといわれた牛馬の屠畜はだれが担ってきたのでしょうか。

　時代を下って、江戸時代には、身分制によって屠畜や解体をする人びとが決まっていました。穢多・非人といわれる身分については、みなさんも聞いたことがあると思います。このうち穢多身分の人びとが、幕府によって、死んだ家畜の処分や、不要な牛馬などの殺処理や解体を担わされていたとされます。その後、明治4（1871）年に旧来の身分制を廃止する解放令が出されると、穢多や非人という階層は公式には存在しないこととなります。しかし、実際にはその後も被差別部落の民としてカテゴライズされ、差別を受け続けた人びとも多くいました。穢多身分だった人びとのなかには、身分制からの解放後も従来の生業を生かして肉屋や屠畜場の経営に従事する者がおり、そのために、屠場で働く人びとを被差別民と同様だと考える見方は、地域によっては近年まで根強く残っていました。そして、被差別部落への差別が残るからこそ、屠場や生業としての動物の屠殺・解体業もまた、差別の対象であり続けたともいえます。

　また、牛馬の肉食が公には禁じられていた江戸時代までは、その肉は家畜を処理する階層など限られた人だけ入手できたため、牛馬肉を食べる者は屠畜者である穢多身分だとみなされることも多かったといいます。そうした誤解を避けるため、肉を好む人びとは周囲に隠れ、窓を締め切り、夜中にこっそり食べていたとされ、そうした習慣は昭和中期までみられたという話も残っています（桜井・岸 2001年）。また、穢多身分の人びとは、赤肉などの部位以外にも、内臓などすべての部分を食用にする術をもっていたとされ、市場に出回らない臓物などは穢多の共同体内部でのみ食されていたとされます。

　例えば福澤諭吉の『福翁自伝』には、福澤が大阪の適塾の塾生たちと一緒に牛鍋屋に行っていたというエピソードが書かれています。「その

とき大阪中で牛鍋を食わせる所はただ二軒ある。……最下等の店だから、凡そ人間らしい人で出入りする者は決してない。」（福澤 1978年）と記されたその店で、あるとき書生の一人がブタの屠殺を頼まれたとあります。福澤は、「塾中の書生に身なりの立派な者はまず少ない」（福澤 1978年）とし、それもあって書生が「牛屋の主人からえたのように見込まれたのでしょう」（福澤 1978年）と解説しています。

　しかし、明治時代になると牛馬の肉は公に食されるようになります。その背景には、解放令後の1872年に、明治天皇による牛肉試食のニュースが広く報道されたことがあります（桜井・岸 2001年）。穢れた食べ物とされてきた牛肉を、国の統治者であり神のような存在の天皇が食べたことによって、牛肉食はお墨つきを与えられ、だれもが食べることのできる食材となったわけです。

　天皇の牛肉試食によって、牛馬肉を食べることは、基本的には罪でも穢れでもないものとして認知されますが、その一方で、家畜を殺して解体する屠畜業という仕事は、蔑視の対象として残されていきます。この時期に、日本ではウシやブタの肉を食べることと、家畜を屠ることは、必ずしも同義ではないという認識が共有されたといえます。それによって、いわゆる部落民が相変わらず屠畜・解体に従事しつつ肉食をおこなう一方で、スティグマとは無縁なかたちで肉を食べる人口が急速に増えたのです。

3．インドにおける屠畜と肉食

　それでは次に、ブータンの隣国でもあるインドの事例も少し確認してみましょう。ヒンドゥー教徒がマジョリティを占めるインドには、カースト制度という非常に強固な身分制度が存在します。カースト・ヒンドゥーと呼ばれる4階層には、大きく上からバラモン、クシャトリヤ、ヴァイシャ、シュードラが含まれ、そのさらに下にはさまざまなかたちで長年差別されてきた被差別集団の階層があります。彼らは、上述のカー

スト・ヒンドゥーに穢れを与える存在とされ、「アウト・カースト」や「不可触民」と呼ばれました。

　カーストは個々に自集団を規定するルールをもち、バラモンのような最上位のカーストは、食物に関する規制も強く、肉や卵、場合によってはミルク、そしてお酒も摂取することが許されません。彼らは食や接触をとおした〈穢れ〉を極力避けることで身体の浄性を維持し、それによって聖職者階層としての社会的な地位を保ち、いろいろな儀礼において司祭などの重要な役割を果たしてきました。

　上位の階層が菜食主義を採る一方で、対照的なのが最下層に位置する不可触民でした。彼らはヒンドゥー教徒ではありますが、屠畜や死んだ牛馬の処理などを任されており、「触れてはならぬ」穢れた存在とみなされてきました。その仕事には皮革加工も含まれており、例えばサンダルなど、インドの人びとの生活に不可欠な製品を供給してきました。これらの不可触民の多くが、上位カーストが禁じられた肉を食べており、だれも食べない故に安価な「聖なる牛」の肉は、不可触民の貧しい人たちにとっては重要なタンパク源となっていました。

　他方で、インドで人口の１割程度を占めるイスラーム教徒（ムスリム）は、牛肉を食べる代わりに、豚肉を食べることができません。イスラーム教徒にとって、ブタは穢れた生き物であり、触れても食べてもいけない動物である一方で、禁忌のないウシは殺して食べることが可能でした。そのため、インドではしばしばムスリムがウシの屠畜に従事してきたともいわれます。元々イスラーム教徒の場合は、イスラーム法に則った屠殺法で処理された「合法な肉」「許された肉」（ハラール・ミート）のみを食すことが理想となります。その方法とは、アッラー（神）の名を唱えながら家畜の喉元を素早くかき切る方法です。イスラームの聖典クルアーンでは、死んでいる獣の肉を食べることが禁じられていることもあり、人びとにとって「肉を食べる」ことは、少なくとも理念上は、

「家畜を屠る」ことの延長線上にあるといえるでしょう。

　このように、インドではウシやブタに関しては屠畜・解体をおこなう階層や集団が、その肉を食べる集団と同義であったといえそうです。また、牛革の皮革加工に従事する不可触民も、牛肉を食べる者として考えられていました。だからこそ逆に、牛肉を食べる者は須く不可触民とみなされてしまう、あるいは穢れた存在とされるという、江戸時代の日本の穢多の状況に似た状況も観察できます。

4．ブータンにおける屠畜と肉食

●屠畜をともなわない肉食

　それでは、ブータンの場合はどうでしょうか。ブータンはヒマラヤ山脈に位置する山岳国で、一番高い場所は標高7,000メートル以上です。森林限界を超えた高地では農耕が困難で、牧畜にのみ依存する人が多くなりますが、それより標高の低い場所でも、小麦づくりや稲作と同時にウシを飼育する農牧世帯がほとんどであり、全体として家畜飼育が非常に広くおこなわれている地域であるといえます。

　ブータンはよく知られた仏教王国であり、国王の他、仏教僧院と僧侶たちが大きな影響力をもっています。仏教の高僧たちは、すべての生物への憐れみを説き、殺生を強く禁じてきました。しかし、ウシやブタの肉は広く食べられてきました。例えば牧畜民は、飼っているウシを連れて遠くの放牧地まで移動しますが、その際にウシが足を踏み外して崖から転落して死んでしまうことがあります。この場合、死んだ動物の肉を食べることが禁じられているイスラーム教徒であればそのウシには手を付けず、ヒンドゥー教徒であれば、ウシは聖なる生き物であるから、それを食べることはないでしょう。しかし、仏教の場合は、特定の動物に対する禁忌はないため、自分で手を下さず事故や老衰で死んだ動物については、その肉を抵抗なく食べることができるわけです。ブータンでは、

このような屠畜をともなわない肉食は、農村部であってもすべての階層に広く普及しています。

● 「三種浄肉」という考え方

　しかし、来客や祝い事、あるいは土地の神々を祀る儀式をするようなとき、ヒツジやヤク、ブタなどを屠らなければならないことがあります。神々へ捧げる肉は、共同体内部で家畜を屠るか、共同体の外からチベット移民や山岳民を呼び寄せて殺し解体して獲得します。では、食べる側に罪はないのでしょうか。

　仏教的には当然、みんなが菜食主義者になることが最も理想的ではありますが、すべての人がその選択をするわけではなく、実際にブータン人のほとんどは肉食だといえます。前述したように死んだ動物の肉を食べることは問題とならない一方、意図的に殺した動物の肉を食べることは、時に罪になり得ます。では、どういう状況であれば罪にならないのでしょうか。

　こうした疑問に答えるためにおこなわれた仏教僧への新聞上のインタビューでは、三種浄肉の考え方が紹介されています。それは、「殺されるところを見ない」「聞かない」「類推できない」肉については摂取が許されるという考え方です。仏教僧たちも、「自分で殺したのでなければ、その肉を食べても罪にはならない」と語り、そこに矛盾を見出すことはしません。逆に、ある家に客として呼ばれた際に、家の主人が「これからあなたのためにブタを一頭屠りましょう」などといったら、その時はすぐに阻止しなくてはなりません。そのブタは、あなたの認識のもとであなたのために殺されることになるからです。ですから、多くのブータン人は、出された肉の由来を尋ねようとはしません。だれがどのように殺したのかを知らなければ、肉を食べることはいわば正当化されるからです。

● 「マケップ」という他者

　ブータンでは、インドや日本のように、専門的・専業的な屠畜カース

トや屍肉処理の階層が発達した形跡はありません。しかしその一方で、屠畜が必要なときには、自分たちの村落共同体の少し外側にいる「他者」にそれを委ねてきたことが、いろいろなインタビューから明らかになっています。

　屠畜者はブータンの言葉で「マケップ」と呼ばれますが、これは「赤い血に染まった者」あるいは「罪深き者」を含意すると村人はいいます。私が村の人たちに、「だれがこの家畜を殺すのですか」と尋ねてみると、「隣の村にいるチベット人の移民が殺すのだ」「インドから入ってきたムスリムの労働者が殺すのだ」「流動的で職をもたない、コミュニティからあぶれたような若者たちが殺すのだ」というような答えが返ってきます。つまり、マケップは常に「自分のコミュニティの外部に存在するか、所属が流動的であるような他者」として表象されます。その説明は、私のような外部の人間に対して、自分たちが直接家畜に手を下しているわけではないことを暗に示唆するものでもあります。

　屠畜業に関連して、皮革加工についても少し考えてみたいと思います。実際のところ、ブータンではその技術も発達しておらず、盛んとはいえません。例外として、高地に住む牧畜民が、敷物や簡単な衣服をつくるために皮を剥いで干すなどの事例はありますが、インドのカーストのように専業的な皮革加工業者は存在しないといっていいでしょう。

　このようにブータンでは、だれもが家畜を屠るわけではないが、だれもが家畜の肉を食べるという状況が維持されています。「肉を食べる者」が必ずしも死んだ家畜を処理したり、家畜を殺すわけではないのです。また、皮革加工に従事する者と肉食をする者も、インドのように直接に結びつけられるわけではありません。それ故に、肉を食べる者は他の者より低位の階層にあるとみなされるわけではなく、穢れた存在ともみなされていません。他方で、「屠る者たち」は特に「マケップ」と呼ばれ、「罪深く、近づきたくないもの」として認識されています。

●殺さず放つ──放生（ツェタ）実践

　ブータンはヒンドゥー社会とも近く、仏教も深く浸透していますが、肉食が人びとによって強固に忌避されてきた歴史はないようです。それは、先に述べたように、屠畜と肉食を別個のものとして分けて考えることが可能であったからでもあります。しかし近年、ブータン社会においても菜食主義を選択する者が増えています。また、仏教僧院の活動が活発化するなかで、ブータンの国語であるゾンカ語で「ツェタ」と呼ばれる「放生（ほうじょう）」実践をおこなう者も増えています。これは、肉畜として屠場に送られる家畜を、その残酷な運命から救うことを使命とした活動です。

　日本の寺院の放生会（ほうじょうえ）といえば、境内の小さな池に僧侶が数匹の魚を放つというような、象徴的で小規模な儀礼が思い浮かぶでしょう。しかし、これが小さな魚ではなく、大動物、しかも日常的に利用され、消費される家畜が対象となると、まったく話は違ってきます。じつはブータンでは最近、この大型家畜、つまりヤクやウシ、に対する放生実践が盛んにおこなわれているのです。それは、大型家畜を飼育する牧畜民の生活や森林保護にも関わるものです。

　この流行の先駆けとなったのが、インドのシッキム州にある寺の住職ラマ・クンザン・ドルジによるツェタ実践であり、この僧侶は「Jangsa Animal Saving Trust」という動物愛護や救済のための基金を立ち上げてブータンでのツェタ実践を浸透させました。

　これまでブータン国内でおこなわれたツェタ実践の対象は、例えばヒンドゥー教徒が犠牲獣とするヤギや山岳民が神々へ捧げるヒツジなど、比較的小型の家畜などでした。つまり、これらの家畜が屠られる動物供儀に居合わせた者が、お金を払ってそれを買い取り救済するというような、非常に個人的で小規模な宗教実践が、熱心な仏教徒によって時折おこなわれる程度だったのです。しかし、ラマ・クンザン・ドルジは、屠場に連れていかれるウシやヤクなどの大型家畜類を、お金を集めて買い

取り、放牧地や森に放って解放するという、集合的で大規模な放生実践をブータン国内で始めていきました。この活動を契機に、現在までに多くの放生団体が生み出されており、それはウシやヤクを扱う牧畜民の生業の在り方や生計にも直接的な影響を与えはじめています。

5．ツェタの実践がもたらしたさまざまな変化

　それでは、そうした活動の一部を具体的にみてみましょう。一つには、以前屠場として使われていた場所の浄化と供養という活動があります。先のラマ・クンザン・ドルジも、家畜を屠るために慣習的に利用されていた土地に大きな仏像を建立し、祈りの場所に変えています。北部高地の牧畜民にとって、秋は夏の間に肥やした家畜を売って、生活必需品や穀物を得る貴重な機会でした。村や町の市場にほど近い上述の屠場は、牧畜民らが家畜を安全に屠り、資源化するための場所でしたが、それもツェタ活動の活発化によって、徐々に姿を消しつつあります。

　他のケースとしては、牧畜村でウシを買い取る動きもあります。集合的なツェタを組織している人たちは、「ツェタをおこなう代表者の集まり」という意味で「ツェタ・ツォクパ」と呼ばれています。このツェタ・ツォクパの活動内容を、以下で少しみてみたいと思います。

●ツェタ実践に対する住民反応の変化

　君主制国家であるブータンでは2008年に政治制度が民主化され、普通選挙制度や複数政党制の導入がおこなわれました。その直前には、ブータンの近代化を導いてきた第４代国王が引退して皇太子に王位を譲り、ブータンで第５代目の国王が誕生しています。それに先駆けて、第５代の治世の安定や繁栄を願ったツェタがおこなわれたのが、2006年のことでした。この年、寒冷高地に近いある村には、新国王の健康や治世の繁栄を願掛けした30頭のヤクが突如ツェタ・ヤクとして運び込まれました。

　牧畜民が多数派を占める牧畜村では、牧草は貴重な資源であり、それ

をいかに村人間で平等に分配するかは、重要な課題となっています。そうした状況のなかで、突如他所からたくさんの家畜が運び込まれるという事態は、村人が望んだものではありませんでした。さりとて、国王の名の下で救済されたヤクを放置して死なせるわけにもいきません。この2006年のツェタ実践は、信仰心からツェタをおこなう都会のツェタ・ツォクパたちと、実際にウシやヤクの飼育を生業とする牧畜民のあいだに大きな軋轢を生みました。限られた飼料という資源をめぐる衝突は、最終的に牧畜民が森林局に対して「ツェタ・ガイドライン」の策定を求めるかたちで収束しました。それはつまり、もち込む家畜頭数や、家畜の餌や人手や設備についてのツォクパの管理責任や、牧畜民の権利保護などを盛り込んだルールブックをつくるということです。

　しかし、それから5年後の2011年に私が同じ村を訪ねた際、状況は劇的に変化していました。それまでツェタ・ヤクのもち込みを拒否していた村人が、一転して160頭ものヤクの受け入れに同意していたからです。村人は反対するどころか、ツォクパに協力してヤクに必要な塩を食べさせ、救済されたヤクの生存を助けていました。

　では、この大きな違いはなぜ生じたのでしょうか。一つには、仏教の不殺生戒を守るための放生実践がブータン社会一般に知られ、僧院集団からも高く評価されるようになっていたことがあります。さらに、ツェタの原因である家畜の屠殺行為に対する忌避感が、社会全体で共有されるようになったことが大きいでしょう。それは、これまで「必要悪」として暗黙の了解があった牧畜民の屠畜行為をも、許されない行為として排除するという排他的な連鎖を生み出していきました。

　政府の牧畜政策も、村人の変化の一因となっています。ヤクは寒冷で水のきれいな高地でしか生きられない家畜です。牧民たちは、牧草を求めて一年中ヤクと共に山々を移動し、放牧をおこなうことでヤクを飼養してきました。しかし、寒冷高地の放牧地には子どものための学校も老

人のための医療設備もなく、自動車道路も届かず、牧畜民は近代化から取り残されることを余儀なくされていました。そこで政府は、牧畜民が家畜と共に長距離移動をしなくてもいいように、乳量の多い外来牛を数頭導入して、より定住的な酪農へと移行するよう促してきたのです。経済的な効率などからみても、定住的な酪農をおこない、乳製品を安定的につくって売る方が効率がよいと考えられていたし、また家畜が移動しないことで森林も守られると政府は考えたのです。

　ヒマラヤのような山岳地では、夏はより寒冷な北部高地へ、冬は温暖な南部丘陵へと季節的な垂直移動をともないながら牧畜はおこなわれてきました。ヤクを飼育していた人たちは、外来牛を導入することで、従来の夏の放牧地を放棄し、温暖な冬の放牧地を通年利用するかたちへと放牧の仕方を変えていくことになったのです。その結果、北部高地の放牧地は余剰地となり、ツェタで救われたヤクに使わせることもできるようになりました。現在までに、この村ではヤクの飼養を続ける牧畜民が一人もいなくなっており、彼らの生活がわずか5年間で劇的に変容したことがわかります。

●屠畜禁止がもたらした地域経済の変化

　今度は、ブータンの東端の農牧村に目を向けてみたいと思います。この地域は、ヤクを飼育するほど寒冷ではなく、ウシを飼育するほど温暖ではないという環境で、人びとは古くからヤクとウシを交配させたゾ（雄）・ゾモ（雌）と呼ばれる交配種を飼育してきました。村では季節ごとに数頭のゾが屠殺されており、その肉は村人の生活を支えてきました。大型獣の屠殺方法としては、前頭部を棍棒などで殴打する方法が一般的ですが、この村ではロープによる絞殺がおこなわれており、家畜は斜面に生えた大樹の枝に下げられたロープに首をかけ、自重で窒息させられていました。近年、苦痛が長引く屠畜方法は動物愛護の観点からは批判を浴びるようになっており、この絞殺方法は国内でも批判的にみられて

図1　家畜（ウシ、ゾ、ゾモ）を連れて高地へ移動する牧畜民
（東ブータン、2014年筆者撮影）

きました。

　長らくブータンの他の村々から隔絶されてきたこの村も、昨今急速に
開発が進み、自動車道路がつながったのちは、村を拠点に低地と結びつ
きながら発展するモデルが模索されています。そうしたなか、2013年に
はこの村を含む県の会議で、県全域に適用する屠畜禁止令が承認されま
した。「村の牧畜民＝屠畜者」というイメージの連鎖が社会に根づいた
ことを問題視した県議会は、県民や村民に対する社会的なスティグマを
拭うために県内での屠畜をすべて禁止するという大胆な政策を選択した
わけです。村落会議および県議会の役員をしていた男性は、他村民や他
県民が屠殺した家畜であっても、すべて自村の牧畜民が殺したかのよう
に語られているのは公正ではないと訴え、その是正を図ることを決意し
ていました。

　家畜の肉の販売が重要な収入源であったこれらの牧畜村において、屠
畜禁止のような極端な政策がとられたのは、不殺生という仏教教義の遵
守が、人びとの生存や生業の維持よりも重要であるかのように考える為
政者が各地で生まれているからかもしれません。村人のスティグマを拭
うと同時に、彼ら地方の政治家自身が「敬虔な仏教徒」であることを、

周りの人びとや政府に証明したいとする欲求が、そうした政策策定を後押ししているようにもみえるのです。

　牧畜という生業において一つの課題は、乳も出ず、耕作にも使えず、交配の種牛にもならないいわゆる「不要な牛」をどうするかということです。例えば、先ほどのゾモは異種交配によって乳量が増えましたが、雄のゾは逆に交配によって再生産能力＝生殖能力を失いました。そのため、以前村内では、ゾを屠畜用として選り分けることが容易であったのです。しかし、屠畜禁止令が出されたあとは、不要であるのに売ることもできず、殺すこともできません。そこでどうしたかというと、一部の村人は家畜とともに国境を越えてインドで「不要な家畜」の買い手を探し、売っていることが報告されています。県内での屠畜禁止令は、ブータン国民から県民に対して押しつけられたスティグマへの抵抗だったわけですが、個々の牧畜民にとっては買い手が変わっただけであり、また、肉の消費者にとっては、一度国境を越えて出自がわからなくなった家畜の肉を買い戻す事態になり、経済的にも衛生的にも非常に効率の悪い状況を生み出してしまったともいえます。

●屠畜禁止は食習慣に変化をもたらしたか？

　このようにツェタが流行し、生き物への憐れみが高まった結果、ブータンの人たちは肉食をやめたのではないか、とみなさんは思うかもしれません。しかし、皮肉なことに、ブータンの肉の消費量は実際にはどんどん増えています。例えば2000年以降の5年間では3倍になっていて、現在でも増え続けています。ウシを飼育する農牧民が多い一方で、食肉自給率は、2014年の統計で牛肉が16.8％、豚肉は20.0％しかありません。つまり、国内の精肉市場で流通する牛肉と豚肉の80％以上を、主にインドからの輸入に頼っているわけです。そこには、国内で殺すことのできない家畜を国境の外に連れ出し、そこで〈見知らぬ他者〉に屠らせ肉にしたものも含まれているでしょう。ただでさえ、インドからの輸入超過

図2　首都の精肉店
（西ブータン、2013年筆者撮影）

と経済的な依存が問題視されているなかで進行するこの不経済なシステムは、ブータンの人びとが肉を食べながら仏教的に罪を背負わずにすむ唯一の方法だといえるかもしれません。

　村落地域では電気もなく、電気が来ても冷蔵設備はない場合がほとんどでしたので、肉類は寒風に晒して乾燥させて保存をしてきました。特に乾燥牛肉は、自然につくられたビーフジャーキーのような味わいで人気ですが、最近は村落地域でも食肉の自給率が減少傾向にあり、市場から生肉を仕入れる場合も増えています。

　他方で、ブータンの食肉市場の様子を覗くと、現在は畜産局の基準に従って水道設備が整い、清潔なタイルやステンレスの台の上に整然と切りとられた肉が並べられています。では、だれが肉を売っているかというと、現状では多くの店舗がネパール系住民によって運営されています。所有者はブータン人やチベット系移民も含まれますが、どちらにしてもブータン人の売り子をみることはほとんどありません。

6．大小屠畜場の受容

●国営大規模屠畜場建設の頓挫

　このように、ブータンではだれもが肉を食べることを好み、祭りや新年などのハレの日の食事に肉は不可欠でした。また、各地でのインタビューからは、土地神への供え物として盛んに動物供儀がおこなわれてきたことが明らかになっています。

　しかし、近年のブータンでは、前にお話しした放生という仏教儀礼や、その根幹にある不殺生の教えが、民主化後の仏教僧院の活発化にともなっていっそう強調され、自然神崇拝のための動物供儀や牧畜民の屠畜習慣を淘汰しつつあります。人びとが屠畜や殺生からなるべく遠くに身を置きたいと願う結果、現在ブータンには、屠畜や精肉という畜産業の重要なパーツを担う人材や設備が決定的に不足しています。しかし、そのために生きた家畜を輸出してインドで屠らせ、肉になったものを輸入するというのは、経済効率としては最悪です。実際に政府もこれまでに何度も国内に大規模屠畜場を建設しようと試みてきましたが、仏教僧院や地域社会の請願や反対によってすべて頓挫してきました。

　例えば2005 〜 2007年頃には牧畜社会を対象として「Calf Rearing Centre」の建設計画が立ち上がります。牧畜民の所有する「不要な牛」を数頭と、畜産局の管理する健康な牛を1頭交換しようというこのプロジェクトは、生産性の低い牛を手放さない牧畜民を動機づけて牛の頭数削減を図ろうとするものでした。しかし、通常であれば処分される不要な雄牛や雄の子牛を、わざわざ養育するとうたう畜産局員の言葉を素直に信じた者は少なく、計画はうまくいきませんでした。「不要な牛」の行き先は予想がついたからです。

　次に試みられたのが、近代的な大規模屠畜場の建設でした。従来に比べても非常に直接的なこの計画は、畜産局が中心となって慎重に進められてきましたが、計画の最終段階となった2015年に新聞で報道されると、

中央僧院などの僧侶集団から計画中止の請願書が提出され、その後ＳＮＳなどでは賛成派と反対派に分かれた市民のあいだで活発な議論がおこなわれます。

近年、欧米諸国を中心に、動物愛護や動物の権利に対する意識が急速に高まっています。世界を人間中心的に考えるだけでなく、動物など他の生き物の目線でも捉えるべきとの潮流は広く共有されつつあり、特に動物の権利保護に関しては、屠畜の際の苦痛を最小限にすることも含まれます。つまり、殺すのは仕方がないとしても、痛みの少ないように、ということですね。このような潮流を考慮して、畜産局の若い担当官は、2015年に新聞記者に対して「Animals shall be slaughtered in a prescribed humane way（家畜は非常に人道的なやり方で殺されます）」と説明し、痛みの少ない近代的で清潔な屠場設備の建設を誇らしげに報告したわけです。しかし、生物の命を奪う大規模屠場が首都近郊に建設されるという事実は、多くの国民にとって受け入れ難く、当時の政府に対する批判は高まるばかりでした。批判に堪えられなくなった政府首脳はついに、「私たちはもともと屠畜場建設など計画していなかった」といいはじめ、屠場建設を無効にしています。その結果、屠畜場用に購入していた土地や建物は、ブータン初の「衛生的な肉の加工場」として再活用されることになりました。なので、今ブータンではプラスティックの袋でパウチ加工された冷凍肉が市場で買えるようになっているわけですが、その肉の多くは相変わらずインドから輸入されているわけです。

こうした屠場建設計画が起こるたびに、最も中心的な抵抗勢力となるのが仏教僧院です。不殺生戒の遵守を「正しい仏教徒」にとって最も重要な資質として掲げる仏教僧院や高僧たちは、屠場建設を譲れない一線と考えていて、畜産局の官僚や政府首脳もまたそうした仏教僧たちの意見を無視できないのが現状です。

図3　ウシの屠場
（南ブータン、2018年筆者撮影）

●マイノリティによる小規模屠畜場の発展

　他方、小さな屠畜場に目を向けると、かつては国内に数か所存在していたものが、現在は1か所にまで減少していることがわかります。その屠場はブータン南部の県に位置し、チベット系移民の所有者の下で、ネパール系移民が複数名雇用されており、彼らが屠畜と精肉販売に従事しています。

　屠場はコンクリートの床と排水設備、廃棄物の集積場を備えた中規模施設で、週に40〜50頭ほどのウシを処理しており、街の中心部からは離れた雑木林のある傾斜地に位置しています。計画が頓挫した大規模屠場とは異なり、ここでは大きな鉄斧で頭部を殴打するという昔ながらの方法でウシは屠殺されています。冷蔵設備はないので、朝型処理された肉はその日のうちに市場へ出されて、小売店で販売されます。

　殺生忌避の機運や放生実践への共感が国内に広がり、既存の小中規模屠場が次々に閉鎖されるなか、この屠場だけが現在まで国内で唯一ウシの屠殺を扱っています。オーナーのチベット系の男性は、以前は首都近

郊で非合法な屠畜場を営んでいましたが、屠場建設を進める農業大臣の後押しで、新たな土地を得て合法的な事業を開始することになったわけです。人びとから密かに「マケップ・ペルデン（仮名）」（屠畜人ペルデン）と呼ばれているこの男性は、不要なウシを安く買って肉として高く売ることで大きな儲けを出しているとされます。屠畜場の運営は、社会からのスティグマを気にしなければ、高収入が得られる簡単な仕事とみなされていますが、起業しようとする人はほとんどいません。

7．ブータン人が直面している問題
——屠畜せずに牧畜を続けることの困難

　最初に説明したように、牧畜という生業は、家畜を数え、餌や水を与え、乳を絞り、生殖を管理し、肉のために屠るという労働を含みます。例えばモンゴルでは冬が来る前にたくさんの家畜を殺し、寒冷な気候を利用して保存し、冬季の食料とします。そして、それらの家畜を屠るのは当然ながら牧畜民自身です。しかし、そんな当たり前の牧畜と屠畜の関係が今、大きく揺らいでいます。

　ブータンの牧畜民は現在、家畜を殺さずに牧畜を継続することを求められています。彼らは、みずからの家畜を管理し最期まで見届ける権利を、仏教の名の下に否定されているともいえます。県が屠畜を禁じていない場所だとしても、肉畜として売った家畜がツェタ・ツォクパによって買い取られ、家畜が育った地域とは離れた場所で再び野に放たれれば、生き抜けずに森で死ぬヤクやウシも少なくありません。うまくいけば再び野生化し生き続けることができるでしょうが、牧夫（婦）という管理者のいないまま弱って死んでしまうか、あるいは侵入者に屠られ食べられる場合もあるでしょう。その結末は必ずしも動物の権利保護や幸福につながる保証はなく、放生実践は多分に人間の事情で、人が仏教論理上で徳を積むために利用されている一つの手段にすぎないともいえるのです。

また、ブータンは環境保護に熱心な国といわれています。国立公園などでおこなわれている森林保護のためのいくつかの政策の一つが、森林内での放牧の規制です。森林局は森林内で牧畜民が過放牧をしないよう、生産性の低い家畜を間引いて群の頭数そのものを削減しようとしてきました（宮本 2008年）。しかし、これと同時に放生によって救われたウシやヤクが自由に森に放たれてだれも止められないという状況は、森を守ろうとする森林局にとっても、家畜資源を有効に活用したい畜産局にとっても悩ましい事態であるわけです。放生や殺生戒など、動物の命を守るための宗教実践が、牧畜民の生活や家畜と環境とのつながりを変容させ、壊してしまう可能性は否定できません。

　他方で、動物の命を奪う行為としての屠畜とその行為者は、多くの社会で穢れと結びつけながら賤視されてきました。厳しい階層性が敷かれていた江戸時代の日本や、カースト制度が色濃く残るインドにおいて、牛馬の処理や解体は社会の最底辺に位置づけられた穢多や不可触民が担うか、他者としてのイスラーム教徒、あるいは村落社会の外部に位置づけられた遊動的な牧畜民が担ってきました。人口のマジョリティが仏教徒で、階層性が比較的緩やかな社会といわれるブータンでも、農牧社会における屠畜はしばしば「チベット系移民」や「イスラーム教徒の移民労働者」あるいは「山岳高地の牧畜民」が担ってきました。また、輸入肉を扱う都市部の肉市場では、主にネパール系移民が売り子を担うなど、屠畜や解体の担い手がしばしば農耕社会の外部に位置する「他者」として表象されてきた点は、上記の二つの社会と共通するといえるかもしれません。

　しかし、江戸時代の日本においては一般大衆の肉食が禁じられた一方で穢多の肉食は黙認されており、インドにおいてもカースト・ヒンドゥーが牛肉食を禁じられる一方で不可触民は許されることを考えると、これらの社会で屠畜・解体をおこなう者と肉食者が同義とみなされることが理解できます。しかし、ブータンにおいては、牛豚問わず誰もが家畜

の肉を食べる一方で、屠畜者だけが異質な他者として賤視されてきた点が異なるといえます。首都近郊での屠場整備に対するブータン社会の拒否反応は、これまで社会のなかでいわば不可視の存在であった屠畜者の存在を公に認め、みずからの社会内部に再統合するという現実に、人びとが慄いた、ということもできるでしょう。

　本章では、屠畜とその担い手、そして肉食とが、日本、インド、ブータンという異なるアジアの国々においてどのように位置づけられてきたのかを繙きながら、現在のブータンで生起している仏教実践と屠場建設拒否の意味を考えようとしてきました。

　定住的な農耕社会において生き物を屠る行為は、宗教がもたらす浄・不浄観に縛られながら社会のなかに階層性を生み出してきたことは歴史的にも明らかです。それでは、屠畜を生業の一部としてきた牧畜社会において屠ることが禁じられるとき、この社会の構造や文化、そして経済はどのような変化を経験していくのでしょうか。こうした点に注視しながら牧畜社会をみていくことで、アジアの多くの農耕地域でみられる屠畜者と穢れの関係に、新たな視点を加えることができるかもしれません。

参考文献

湖中真哉「牧畜」日本文化人類学会編『文化人類学事典』、pp.186-189、丸善、2009年

桜井厚、岸衛（編）『屠場文化──語られなかった世界』創土社、2001年

谷泰『牧夫の誕生──羊・山羊の家畜化の開始とその展開』岩波書店、2010年

福澤諭吉『福翁自伝』岩波書店、1978年

松井健『セミ・ドメスティケイション──農耕と遊牧の起源再考』海鳴社、1989年

松井健「家畜化」日本文化人類学会編『文化人類学事典』、pp.50-53、丸善、2009年

宮本万里「森林放牧と牛の屠殺をめぐる文化の政治──現代ブータンの国立公園における環境政策と牧畜民」『南アジア研究』20号、2008年

Ⅲ
互助と互恵の生物学

互恵的な社会が生まれるまで
アリストテレスに学ぶ政治と経済

稲村一隆

（いなむら　かずたか）早稲田大学政治経済学術院
准教授。1979年生まれ。ケンブリッジ大学古典学
部博士課程修了。PhD（2012年、ケンブリッジ大
学）。専門は、政治哲学、西洋政治思想史。著書
に、*Justice and Reciprocity in Aristotle's Political
Philosophy*（Cambridge University Press, 2015）.
「テクストの分析と影響関係」『思想』1143号、岩
波書店、2019年7月、82-98頁。「プラトンとアリ
ストテレス」『世界哲学史1』ちくま新書、2020年、
213-237頁等。

　私は西洋の政治思想史や政治哲学の研究を専門としており、なかでも
古代ギリシャの政治思想に関心をもっています。ご承知のように、古代
ギリシャは都市国家（ポリス）が栄え、市場での取引など経済活動も活
発になり、それにともなって経済に関する学問（家政術 oikonomikē）
が形成された時代でもありました。

　そこで本章では、古代ギリシャのアリストテレスにまでさかのぼり、
当時の人びとが生産と交換、財産の管理といった経済の基本的な仕組み
をどのように捉えていたかを振り返ってみたいと思います。それは、人
間の生命・生存や自由にとって経済がどのような意味をもっているか、
社会や国家と経済がどのような関係にあるのかを理解することであり、
みなさんは、そのなかに現代の市場経済や福祉国家につながる思想をみ
つけることができるでしょう。

1．ハンナ・アーレントの政治と経済

●政治と自由

　さて、アリストテレスに入る前に、紹介したい人物がいます。ドイツ出身のユダヤ人で、政治哲学者のハンナ・アーレント（Hannah Arendt, 1906-1975）です。彼女は、ナチスの迫害を逃れてアメリカへ移住し、『人間の条件』、『全体主義の起源』、『革命について』などの著作を通じて国家や政治の問題を考察した人です。そのなかで彼女は、経済的な関心事が公的な領域を独占するのではなく、自由で平等な言論空間として政治を再生するよう主張したのですが、じつはこの思想は、古代ギリシャの政治思想にあった政治と経済の区別を取り戻そうとするものでもありました。

　アーレントによれば、古代ギリシャにおいて「政治」は国の活動、つまり公的な領域に属するもので、自由で平等な関係のもとで公の問題について話し合い、共通善を実現する活動です。そこは、いわば「言論と討論の空間」ですから、当然、暴力は政治以前の現象となります。『人間の条件』のなかで、アーレントはいいます。「政治的であるということは、ポリスで生活するということであり、ポリスで生活するということは、すべてが力と暴力によらず、言葉と説得によって決定されるという意味であった」（『人間の条件』47頁）。

　みなさんは、「自由」というと、国家による干渉を退けて、個人の私的な領域を守ることだというイメージが強いのではないでしょうか。マックス・ウェーバーをはじめ近代の多くの思想家たちも、国家や政治を権力的かつ暴力的なものと捉え、それに対して個人の自由を守ろうと考えました。

　しかし、アーレントはプライベートで好き勝手に楽しむのは自由でもなんでもなく、意思決定の場である政治に参加することが人間のもつ自由の意味だと主張します。この公的な場では個人の多様性が尊重され、

人びとが卓越性を競い合って意見やアイデアを自由に交換し、公のために自分たちの能力を発揮する……、それが政治の空間であると。政治こそが、人間が本性を発揮する場所であって、それがあるべき人間の姿なのだと。

●経済による政治の浸食？

一方、「経済」は「家」内部の私的な領域で、そこは結局、自分の生存、つまり個体を維持するために生活を満たし、その種を存続させるためのものです。そこでは、人びとは必要に迫られ、生活に「囚われて」いるのであって、自由ではないと考えられます。再び『人間の条件』を引きましょう。「自由であるということは、生活の必要〔必然〕あるいは他人の命令に従属しないということに加えて、自分を命令する立場に置かないという、二つのことを意味した」(53-54頁)。

見方を変えれば、政治に参加するためには、生活の必要が満たされていなければならないということです。生活から解放されて自由になった人たちが公的な空間に現れ、そこで共通善を探求するから、よい政治がおこなわれるのです。反対に、私的な利害関係に引きずられている人たちは、生活の必要を満たすために政治に参加するので、政治が歪められてしまいます。

このように、自分たちの生活を満たすために政治をおこなうのではなく、社会の共通善を追求するのが政治であるというのは共和主義的な考え方で、アーレントはそうした政治理解の起源を古代ギリシャに見出すのです。三たび『人間の条件』を引くと、「ギリシア思想によれば、政治的組織をつくる人間の能力は、家庭（oikia）と家族を中心とする自然的な結合と異なっているばかりか、それと正面から対立している」(45頁)のです。アーレントからすれば、政治と経済はまったく別の領域の話なので、「政治経済」という言葉はあってはならない語の連結なのです。

●「社会」の発生と「経済学」の誕生

　しかし、近代に入り、政治のなかに経済問題が入り込んできます。私有財産をもつことが私的な問題ではなく公的問題だと捉えられるようになり、財産所有者たちが自分たちの私有財産を保護し増大させるために、国家からの保護を要求するようになったのです。私的利益が公的な領域に侵入し、政治が利害調整の場になります。政治は、家族を拡大し家政の問題を社会レベルに引き上げたものとなり、社会は家族集団が経済的に組織されたものとなります。こうして、家族の問題であった「生存」が集団の関心になったのです。

　こうなると、社会はあたかも一つの意見と一つの利害しかもたない巨大な家族のように、画一的なふるまいを要求します。そして、国家の規模が、都市を単位とするものから国民国家のように大きな領域になるにつれて、中央集権的な政府が国民経済を管理し、多様性を排除し、一定の規範を押しつけ、個性を抑圧するようになっていきます。

　ここから、近代は「経済学」を生み出します。なぜなら、人びとがそれぞれ「活動（action）」するのではなく、多数として画一的に「行動（behavior）」すると想定すればこそ、そこに科学的な法則を探究することも可能となるからです。こうして「政治経済（political economy）」が出現したのでした。

2．アリストテレスの実践学

　以上が、アーレントの目を通した古代ギリシャの理解であり、彼女は全体主義化していく「国民国家」と向き合い、アリストテレスに「政治」復活のヒントを求めたのでした。

　そこで、以降ではアリストテレスの政治思想を追いかけ、そのなかでの「経済」の位置づけを確認していこうと思います。実際のところ、アリストテレスはアーレントと異なって政治と経済を完全に分離したので

はなく、経済を政治のなかに組み込むことを意図していました。

　まずは、アリストテレス（BCE384-322）について、簡単に紹介しておきましょう。彼は、アテナイの北方、スタゲイラ出身で、父親はマケドニア王家の医師を務めたとされます。17歳の頃にプラトンのアカデメイアに入り、20年間、勉学に励んだ後、プラトンの死ぬ直前に小アジアに移住し、アレクサンダー大王の家庭教師などを経て、50歳の頃アテナイに戻り、リュケイオンという学園を開きました。「万学の祖」といわれ、論理学や自然学や生物学や天体論などの学問を発展させました。

●３つの学問分類

　彼は、学問を３つに分類したことで知られます。それが、理論学、実践学、制作学です。

　第一の理論学は、形而上学、自然学、生物学などを指し、自然現象を観察して知識を一般化し、その原因を把握するものです。

　第二の実践学は政治学や倫理学を指します。実践学は単に観察するだけではなく、行動に対する含意をもちます。医術であれば健康という目的があり、戦争術であれば戦争の勝利という目的が、建築術であれば建物を建てるという目的があります。そうした目的を実現するためには何が必要であり、どのような行動をどういう手順ですべきなのかを探究するのが実践学というわけです。なんらかの目的を実現するために必要なことを探究するため、「技術」と連続した学問であるともいえます。

　そして第三の制作学は、詩学などを指します。

●政治学の位置づけ

　本章は、このうち第二の実践学を扱います。一般に古代ギリシャでは技術（technē）と学問（epistēmē）はそれほど明確に区分けされておらず、技術の延長線上に学問があると捉えられていました。

　技術には「階層」関係があります。例えば馬具は乗馬という行為のために制作され、乗馬は騎馬を用いて戦争に勝つという目的のためにおこ

なわれますので、その他の軍事的な行為とともに軍隊の統帥に従属しています。言い換えれば、戦争で勝利するために軍隊の統帥がおこなわれ、その勝利を実現するための一方策として騎馬が用いられ、そして騎馬をうまく操るために馬具の制作がおこなわれるわけです。これが、技術の階層関係です。

そして、実践学のなかで最も上位に来るのが政治学（politikē technē）であり、その下に弁論術、統帥術、そして家政術も従属しています。アリストテレスの「政治学」は広い意味で、現在でいうところの倫理学と政治学を含んでいます。今日では倫理学と政治学は別物ですが、アリストテレスにとって、倫理学は人びとにとってよい人生とはどのようなものかを探究し、狭い意味での政治学はそうしたよい人生を実現するためにはどのような政治が必要であり、どのような制度、法律、秩序が必要かを探究する学問でした。

●イギリスの道徳科学の伝統

アリストテレスの「実践学」的な発想は、近代ではイギリスの道徳科学（the moral sciences）のなかに、よく残っているように見えます。政治学、法学、経済学、倫理学は、人間にとってよりよい生活を実現する学問として密接に関連づけられていたのです。

今日、政治学や経済学は独立した別個の科学的な学問となりましたが、もともとはこうした実践的な枠組みのなかで探究された学問であったということは、ぜひ覚えておいてください。科学者は価値観から中立であるべきだという規範もありますが、一方で富に対する関心を完全になくしてしまったら経済学を探究する動機も失われるでしょう。政治学も人びとの生活をよいものにするという実践的な目的がなくなったら、政治学を探究する動機も失われるでしょう。人間の価値観の枠組みのなかでこうした学問が営まれていることは、今日でも変わらないと思います。

そう考えると、現在では文学部のなかに倫理学があり、政治学や経済

学はまた別の学部にあるので、そうした制度設計が人間に関する認識を妨げている面がないでしょうか。人間の生活にとって一番肝心の根っこの部分の探究を忘れ去ってしまうのは、非常に残念なことです。

　アリストテレスの倫理学や政治学は、現代の倫理学や政治理論でも非常に有力な立場として研究されています。また、経済史や経済学史においても、学ぶことが多くあると思います。そこで次に、アリストテレスの『ニコマコス倫理学』や『政治学』と呼ばれる著作を通して、アリストテレスにおける家政術の位置づけを確認し、現代との関連を考えていきたいと思います。

3．アリストテレスの家政術

● 「使用」と「獲得」

　まず、ギリシャ語で「経済」はオイコノミア（oikonomia）で、その起源は家長（oikonomos）という用語にあり、言葉の構成は家（oikos）と法律（nomos）を意味する用語からできています。法律といっても実定法のことではなく、天文学（astronomy）や分類学（taxonomy）でも使われているように、法則や知識体系を含意する配置や管理を意味しています。したがって経済とは家庭と家庭内での財産の管理を意味します。アリストテレスは、この経済を「家庭」内で「財を使用する」ことと捉えました。ここで注意してほしいのは、一般に「経済」というと、私たちはついつい財を「獲得」あるいは「交換」する局面を思い浮かべがちですが、それらも結局は「使う」ために必要なことであって、経済の一部分だということです。この「財の使用」から経済活動を捉えるというのが、アリストテレスの特徴だといってよいでしょう（当時の「家政」を知るにはクセノフォン『オイコノミコス』も参照してください）。

　一方で、「獲得」に関することは、「財産獲得術」として家政術の部分に位置づけられます。農業、牧畜、狩猟、漁業、略奪、そして戦争も財

産獲得術の一部として捉えられます。財産を獲得することは生活にとって必須であり、家や国家といった共同体にとって有益なものです。私たちは財産獲得術と家政術を同一視しがちで、財産の獲得は貪欲さに基づく際限がないものと考えがちです。しかし、そもそもよい生活、よい人生のために財を使用することが家政術の役割であり、生活のためという目的が定まっているので、その範囲での財産獲得も際限のないものとはなりません。このように、生活のために必要な財産を獲得し、使用することは「自然」だと捉えられます。

● 「家」の範囲

そして、もう一つ注目してほしいのが、アリストテレスにとって「家」はどこまでかということです。古代ギリシャは家父長的な社会でしたので、主人が一人いて、徐々に正妻・内妻の区別もできてきて、主人の妻と子どももいて、富裕さに応じて数は異なりますが、たいていは奴隷もいました。多くの人は土地をもっているので農業を営むことができました。これが一個の家計の単位であり、その「家」の管理・運営が家政であり、経済だと捉えられていました（結婚、離婚、養育、仕事、奴隷や女性の境遇など、古代ギリシャの家庭内の様子については桜井万里子『古代ギリシアの女たち』を参照してください）。

ただし、一つの家庭で自給自足の生活を送れればよいのですが、とても賄いきれないため、他の家族と関係をもち、分業と交換によって互いに賄い合う必要が出てきます。こうして、一つの家から家の集合である都市へ、そして複数の都市間の話に移っていきます。

● 使用価値と交換価値

「交換」を考えるにあたって、まずは財がもつ2つの価値について説明したいと思います。それが、「使用価値」と「交換価値」です。例えば、机という財を例にとると、机の使用価値は、その上で作業をすることができるということです。つまり、その物の固有の機能・役割に即し

て使用する価値のことだといえます。

　一方の交換価値とは、他の財と交換する際にその財が発揮する価値です。例えば、みなさんがお米をもっていたら、「食べる」というのがお米の使用価値になりますが、それを他人に与えてお金に換えたり、野菜や魚などと交換したりもできますから、お米には交換価値があるといえるわけです。

　なお、極度に分業が進んだ現代の日本に暮らす私たちは、経済というと「交換」あるいは売買取引が当たり前だと思いがちですが、家庭内の状態から考えはじめるアリストテレスは、交換を「獲得」の一形態、つまり自身で生産できないときに必要となる一つの獲得手段だと捉えます。

　彼の著作『政治学』第1巻第9章には、次のような記述がみられます。

　　最初の共同体（すなわち、家）においては、交換術にその働きの場がないことは明らかである。それが求められるようになるのは、共同体がより広がりを見せるようになった段階においてである。というのも、一つの家の人びとは何でも同じものを分かち合っていたのに対して、離れた家の人びととはさらに多くの、しかもそれぞれ別のものを分かち合うようになったのであり、それらの物資を不足に応じて交換によって互いに融通する必要があったからである。
　　（1257a19-24）

　繰り返しますが、家のような小さな共同体では多くのものが共有されるので、交換は必要ありません。しかし、生活に必要な財が不足するときには、他者との交換が必要となります。この場合、お互いにとってそれぞれ有益なものを交換しているので、アリストテレスは交換それ自体を批判してはおらず、むしろ生活に必要なものを交換によって手に入れるのは「自然」なことだといっています。

●分業の発生

　こうした交換に関するアリストテレスの考え方の基礎には、プラトン『国家』第2巻における「国家」の起源についての物語があります。国家はなぜ生じるのか。プラトンは、人間一人では自給自足して生きることができず、多くのものが不足するためだと説きます。そこで、必要に応じて他者を迎え入れて共同で定住するようになり、そのような共同の定住が国家と呼ばれるようになったのです。

　はじめに必要なのは、食糧、住まい、衣服でしょう。では、そうした必要不可欠なものを提供するためには、人びとはどうすればいいでしょうか。例えば、4人の人間が無人島に流れ着いて、そこで生活しなければならなくなったとします。彼らが考えるのは、おそらく、4人それぞれの特性を発揮して、体が逞しい人は農作業をしてもらいましょう、足が速い人はイノシシを捕まえてください、手が器用な人は道具をつくってください……つまり、「分業」して必要なものを補い合おうとするでしょう。

　一人の人間が必要とするもの全部を自分で揃えようとするのは、非常に非効率です。それぞれの人が一つの仕事に特化することによって高い技能を身につけられ、必要なものをより効率的に獲得できるようになります。そして、高い技能を身につけた者同士が、獲得したものを互いに必要とするものと交換し合うことで、相互に満足することができます。

　文明が進展するにつれ分業もどんどん進み、一人一人の仕事は細分化されていきます。そして、仕事がより狭い範囲に専門分化されるほど自身の技能は高まりますが、他者に依存する領域も広がっていきます。「専門家」になると「自立」しているかのような錯覚を覚えますが、一つの領域に特化すればするほどじつは他の領域では他人に依存するようになっているのです。こうして国家が生まれ、国家は人びとの生活全般の調整の場となります。

●交換と贈与

　アリストテレスも、このプラトンのストーリーに即して、人びとは必要に促されて財やサービスを交換し、社会全体として自足した生活を営めるようになると考えます。そうして、人びとの関係はお互いに利益を提供し合う関係、つまり互恵的になります。アリストテレスはこうした互恵関係を「交換的正義」と呼び、正しい人間関係として捉えています。

　『ニコマコス倫理学』第5巻第5章にあるアリストテレスの言葉を紹介しましょう。

　　交換のための共同体において人びとを結びつけるのは、この種の正しさ、つまり比例に基づいた応報であって、平等に基づいた応報ではない。なぜなら、この比例に基づく応報がおこなわれることによって、ポリスは維持されるからである。言い換えれば、悪には悪で報いることを、人びとは求めるからである。さもなければ、奴隷状態にあるとみなされるからである。あるいはまた、善には善で報いることも、人は求めている。さもなければ交換が成り立たなくなるが、まさにこの交換によって人びとの結びつきは維持されるのである。こうして、『慈愛の女神たち』の神殿が人目につくところに建立され、そこで恵みの与え返しが受けられるようになっているのである。なぜなら、それが、慈愛に固有のことだからである。実際、親切にしてくれた人には、お返しの奉仕をしなければならず、今度は自分から相手に親切にする番なのである。(1132b31–1133a5)

　この文章からわかるように、一般に古代ギリシャでは「善には善」を返し、「悪には悪」を返す「応報」が正義だと考えられていました。言い換えると、友人を助けて敵を害することが、有徳で気概のある人間のやるべきことだと考えられていました。また、「与え返し」が「慈愛に

固有なこと」だとされ、「親切にしてくれた人には、お返しの奉仕をしなければならず、今度は自分から相手に親切にする番なのである」と語られているので、市場における経済活動だけが念頭に置かれているわけではないようです。

　むしろ、こうしたアリストテレスの言葉には、私たちが「市場経済」と聞いて思い浮かべるような「物の取引」というよりも、ギフト（贈り物）を提供し合う文化のイメージが湧いてきます。「応報」、「慈愛」、「友愛」、「正義」といった人間関係を記述する従来の概念装置を使って、市場での交換も含めた多様な財のやりとりを分析したところに、アリストテレスの興味深さがあるといえます（贈与関係の話について詳しくはカール・ポランニー『経済の文明史』を参照してください）。

４．アリストテレスの政治経済論
●市場経済の勃興
　アリストテレスの時代は、市場経済の勃興期ともいわれます。友人同士でお金を貸し借りしたり、農作物を消費したりしているだけの社会から、海外との財の交換や、国内市場での取引が生じはじめた時期でした。アリストテレスは、市場を通じた「獲得」「交換」「賃借」「売買」「使用」などの新たな経済活動を、伝統的な「自然」「正義」「友愛」「自足」といった概念枠を微妙に修正しながら分析したのでした。

　まず、アリストテレスにとって、家政とは財の管理・使用であり、家を中心に諸々の経済活動が位置づけられます。また、財の獲得は財を使用するという目的のための一手段であり、財の交換は不足している財を手に入れるためと捉えられます。

　次に、生活のために財を獲得・交換して財を使用することは「自然」な営みであるとみなされます。ここで、アリストテレスは「自然」を「あるべき状態」と捉えており、その後の思想のように「人間と対立」

し、「人間が克服すべき」対象とは考えていません。また、「自然」とは「目的に適っている」という意味ですので、目的に適う範囲でおこなわれる経済活動は自然な活動だが、無際限に富を貪る経済活動は自然ではないとなります。

さらに、貨幣の使用も自然なことです。アリストテレスは、もち運びやすさ、交換の促進、価値の計算という貨幣の3つの役割をはっきりと記述しています。

ただし、これまでの説明からもわかるように、富の貯蔵という機能を認めているかどうかは判断が分かれます。彼は、富の蓄積が自己目的化し、必要を超えて際限なく富を蓄えようとする行為には批判的だからです。特に、利子に対しては批判的でした。

●政治のなかの経済

では、政治と経済の関係はどのように捉えられていたでしょうか。アリストテレスは、基本的に経済を政治の一部と考えていました。人間関係の視点でいえば、家は国家の内部にある共同関係として捉えられ、技術の視点でいえば、家政術は政治術の一部として従属しています。政治と経済を区分したというよりは、むしろ人間の生活全般を扱う政治のなかに経済も位置づけたといえるでしょう。また、国家にとっても経済、つまり財の獲得と使用は有益で必要なものとして認められていました。

アリストテレスは中間階層を尊重している政治理論家でもありました。貧富の格差が拡大すると、貧しい人と富裕な人のあいだで共通の利益をみつけ出しにくくなり、そもそもお互いのことを理解し合うことが難しくなります。富裕な人は他人から支配されることが大嫌いであり、他方の貧しい人は他人に支配されることに慣らされていて統治することを知らないといっています。格差があると役割の転換、そして視点の交換という意味での互恵性が生じにくくなるのです。政治権力を交換することも互恵性として捉えられていました。

そこでアリストテレスは、富者と貧者が交代で統治を担う関係が理想だと考えるのですが、しかし貧困に陥ると、他人のことを配慮する余裕もなくなるため、政治を実践することが難しくなります。アーレントが指摘したように、生活の必要性に支配されている人が公共の事柄に関心をもつのは難しく、政治とは生活から解放された自由な人がおこなうものだからです。

　ただし、この含意は政治が経済に関心をもたないということではなく、むしろ政治を可能とするために市民の経済的条件を整えることこそが政治の仕事であると認識されていました。

　再び『政治学』を繙くと、このような記述に出会います。

　　他方、特別な収入があるところでは、民衆指導者たちが今日おこなっているようなことをおこなってはならない（というのも、彼らは剰余金をばらまいているのだが、人びとは一度金を受け取ると、すぐにまた同じものを欲しがるからである。実際、貧困者に対するこのような救済策は、「穴のあいた甕」に水を注ぐことに等しい）。真の意味での民主派は、むしろ大衆が極度の貧困に陥らないよう気を配るべきである。なぜなら、それこそが民主制を悪化させる原因だからである。したがって、長期的な繁栄をもたらすような方策が考案されなければならない。そして、そのことは富裕者にとっても有益なことであるのだから、真の意味での民主派がなすべきことは、特別な収入から生まれる剰余金を寄せ集めて、貧困者に一括して分配することである。その際、できることなら、彼らが小さな土地を手に入れるのに足りるだけの金を集めるべきであるが、もしそれができなければ、商売や農業の元手となるくらいの額でもよい。（第6巻第5章1320a29-b1）

と。繰り返しますが、政治的な空間をつくり出すために、経済に配慮することも政治の仕事なのです。

5．まとめ

今日の話のポイントをまとめましょう。アリストテレスの枠組みでは、市場での交換も人間の共同関係、ある種のコミュニティとして捉えることができます。そこでは正義に即して友好関係を育むことも可能です。しかしそうした経済上の関係が他の領域に侵入して生活全般を組み替えてしまうことには批判的なのです。人間には多様な要求と必要性があり、多様な人間関係を必要としています。

人間が一つのコミュニティのなかでしか生きていないのであれば、そのコミュニティに依存して、そのなかのルール、規範に従うようになるのは当然のことです。市場経済のなかにしか生きていない人が富の蓄積を自己目的化するのも原理に即しています。重要なのは、いろいろな原理に即して形成された多様な人間関係があることです。

現代では分業が発展し、必要な人間関係を広範囲に分散させているので、あたかも一人で自立した生活を送っているかのように思いがちです。さらに貨幣を媒介させ、必要なものに対価を支払わせることで、依存している感覚をなくしています。介護のように一人の人間が別の一人の人間にすべて依存すると精神的な負担を感じますが、人間関係を広範囲に分散させれば、精神的な負担を減らすことができます。

しかしながらプロフェッショナルであることを求める社会とは、一人の人間が非常に狭い範囲のことしか扱えなくなる社会なのです。「自立した個人」というのはフィクションであって、文明化された社会は相互に依存した社会です。互恵的な社会とは一人の視点からみれば相互依存の社会であり、社会を単位として自足を目指しているのです。

参考文献

ハンナ・アーレント『人間の条件』（志水速雄訳）、ちくま学芸文庫、1994年

アリストテレス「ニコマコス倫理学」『アリストテレス全集15』（神崎繁訳）、岩波書店、2014年

アリストテレス「政治学　家政論」『アリストテレス全集17』（神崎繁、相澤康隆、瀬口昌久訳）、岩波書店、2018年

クセノフォン『オイコノミコス　家政について』（越前谷悦子訳）、リーベル出版、2010年

桜井万里子『古代ギリシアの女たち　アテナイの現実と夢』中公新書、1992年

プラトン『国家』（藤沢令夫訳）、岩波文庫、1979年

カール・ポランニー『経済の文明史』（玉野井芳郎、平野健一郎編訳）、ちくま学芸文庫、2003年

※引用の際には語句を調整したところがある。

誕生と加齢の経済学
社会はなぜ助け合うのか?

駒村康平

（こまむら　こうへい）慶應義塾大学経済学部教授。1964年生まれ。1995年慶應義塾大学大学院博士課程修了。博士（経済学）。専門は、社会政策。著書に、『日本の年金』岩波書店、2014年、『社会政策』有斐閣、2015年、『エッセンシャル金融ジェロントロジー』慶應義塾大学出版会、2019年。

はじめに

●ジェロントロジーと経済学

　私の研究分野は社会政策／社会保障です。最近は、慶應義塾大学理工学部の高山緑先生や医学部の三村将先生と一緒にジェロントロジーと経済学を組み合わせた金融老年学、ファイナンシャルジェロントロジーの分野の研究を進めています。

　日本語では「老年学」ともいわれているジェロントロジーですが、加齢にともなうさまざまな研究分野を含んでおり、非常に重要な発見がなされています。この知見を社会や経済の仕組みに生かしていこうということで、今、研究を進めているところです。日本全体での家計の保有する金融資産は約1,900兆円ですが、そのうちの7 〜 8割以上は60歳以上の方が保有しているといえます。日本の経済規模がGDP ベースで540兆円程度ですので、それと比較しても、ものすごい金額を高齢者が保有しているわけです。

　なぜ収入が少ない高齢者が多額の資産を保有しているのでしょうか。直感的に考えれば、学校を卒業した直後の若い人は、全体的にはそんなにお金をもってはいません。就職して仕事をするなかで、年を重ねるご

とにお金は貯まっていくので、高齢者がお金をもっていることはそんなに不思議ではありません。

　まずお金を管理（マネジメント）して投資するには、ある一定の経験や知識、あるいは判断能力、認知機能などがともなわないとできません。

　若いうちに投資を始めた方が失敗を取り戻せるチャンスもあるので、早くから投資の勉強を始めた方がいいといえますが、しかし若い頃はお金がないので、そんなに投資経験を積むことはできません。

　そして、高齢期になると、投資するだけの十分なお金はもっています。ただ人によっては、投資経験や投資の知識がなかったり、時代を読む判断能力も若いときのようにはいかなくなります。そして脳の機能、具体的には認知機能も年齢とともに低下していきます。こうした「認知機能も年齢とともに変化すること」を組み込んだ経済モデルを考えていこうということで、研究をおこなっています。こういった経済学と脳神経科学がコラボした分野は神経経済学と呼ばれます。

　加齢にともない判断能力が低下することを考慮して社会経済の仕組みを考えていく必要があります。これまで社会のいろいろな取引ルールは、みんなが十分な判断能力をもっていることを前提につくられていますが、超高齢化社会の今、このような前提のままで社会経済を考えてしまっていいのか、という課題をもっています。「社会の仕組みと人口の問題」がキーワードです。

●社会保障研究

　もう一つの私の大きな研究分野は社会政策、社会保障制度です。年金や医療、介護、障害者福祉、生活保護など、すべてを含めて社会保障といいます。これらに費やしているお金は120兆円ほどにもなります。先ほども触れたように日本のGDPは約540兆円程度ですから、そのうちの2割から2割5分ぐらいを社会保障としてだれかが受け取っており、そしてだれかがその費用を負担しているということになります。ものす

ごく巨大な金額です。

　当然、社会保障の主な受給者は高齢者です。今後高齢者の数が増えていくことになれば、それに比例して社会保障の給付もどんどん増えていくことになります。

　加えて技術革新による最新の医療技術も生まれてきています。そして、1人の患者が月に1千万円の医療費が掛かるような医療技術もどんどん増えてきています。すべての国民に、最新医療の利用を保障するためには、ますます社会保障給付の額は増えていくわけです。

　しかし、世の中に「タダ」のものはありません。だれかがそれを負担しなければいけないわけです。今の社会保障給付は120兆円ですが、国家予算はかなり借金に依存しています。また国の総支出は公共事業や防衛、教育なども合わせて100兆円しかありません。じつは国家予算よりも多い社会保障給付を、国民は受け取り、そして負担しているのです。ちなみに、社会保障に関係する国の予算は約30兆円で、120兆円使っている社会保障給付額のあいだには90兆円のずれがあります。この差額は、特別会計という国家予算とは別の仕組みで確保しています。

　この120兆円という額は将来どうなるのでしょうか。今後、高齢者数はますます増えるので、社会保障給付費は2025年でおそらく140兆円ぐらいになり、2040年になると190兆円ぐらいに達することが予想されています。ただ私は、この190兆円という額も、少し甘く予測しているのではないかと思っており、実際には200兆円に接近するのではないかと考えています。経済は徐々に成長していますが、社会保障給付費の増えるスピードの方がはるかに速いということになります。

　どうやってこの社会保障給付の費用を賄うかというと、例えば、年金の場合は国民が20歳になってから支払う年金保険料が充てられています。

●政府の審議会からみえてくること

障がい者施策

　政府のさまざまな取り組みは、政府部内で設置された審議会で議論されて決まっています。私は今、政府の２つの審議会の会長をしています。その１つとして、日本の障害者福祉施策を決める審議会です。現在、障害者福祉のためにおよそ２兆円以上のお金を使っています。具体的には、精神的な課題をもった人、身体的な課題をもった人、知能的な課題をもった人、あるいは難病などの人たちの生活を支えるためにどういう給付を保障していくのかということを議論しています。

　当事者である障害者の方にも委員として参加いただいており、「なるべく給付を厚くして負担を下げてほしい」というご意見をいただきます。もちろんその気持ちはよくわかります。しかしその一方で、その費用負担はどうするのかという課題も生まれてきます。

生活保護施策

　もう１つは、生活保護基準を決める審議会の会長も務めています。生活保護の予算は約４兆円です。受給している二百数十万人で、その人達の人の生活が懸かっているわけです。生活保護制度とは、生活が成り立たないぐらい困ってしまった人に対して、国が生活費を保障する制度です。その額は、高い方がいいのでしょうか。それとも、低い方がいいのでしょうか。それは、人びとの立場によってさまざまなみえ方があるわけです。当事者にしてみれば高くしてほしいという気持ちがあるのは当然です。しかし高すぎる場合には、今度はその費用負担の問題や、あるいは「たくさん給付されるので、働かない方がいいんじゃないか」という意見も出てきます。このバランスをどう取っていくのかが問題です。

　今、障害者福祉の２兆円や生活保護費の４兆円をご紹介しましたが、これがどのくらいに経済規模なのかピンとこないかもしれないですね。

例えば、文部科学省の教育予算も４兆円ぐらいです。日本の防衛予算も５兆円程度です。つまり生活保護と障害者福祉で６ 〜 ７兆円近く使っているということは、国の防衛予算や教育予算よりも大きいという額です。したがって、その給付の仕組みを少し動かしただけでも、非常に多くの人に影響を与えてしまいます。これらの審議会はかなり頭も気持ちも使います。生活保護の基準を少しでも見直すと、多くの人の生活に影響を与えます。明確な根拠を示した議論が必要になり、最後は決めないといけなくなります。何十人、何百人もの人が傍聴していますし、テレビ撮影が入るケースもあります。日本中から手紙やメールで意見や不満が直接研究室に寄せられることもあります。みなさんは、審議会は政府の方針通り決まった議論をするところだろうと思っているかもしれません。しかし、場合によっては、委員同士で政策の内容についてかなり激しい議論がおこなわれることもあります。委員長として、さまざまな意見をどうまとめていくのかが問われます。なかには矛盾した意見もあります。そうしたさまざまな意見を、その場ですぐにまとめる必要があります。研究ではさまざまな見解を自由に出せますが、具体的に多くの人に影響を与える政策を決めるというのはとても大変なことです。

難病の指定

　この２つ以外にもいくつか政府の政策に関わっています。年金や難病です。特に難病に関する政策は2019年５月以降に議論が活発化し、制度改革がおこなわれます。難病患者に対してどういう医療サービスを保障していくのかということが話し合われるわけです。難病の方を支える以前の仕組みは予算も不足しており、不十分なものでした。これを見直し、難病の治療方法を開発しつつ、同時に難病の方の医療費負担を軽減する仕組みが2012年の社会保障・税一体改革で導入されました。問題は数千億円もかかるその費用の確保です。結局、2014年に５％から８％への

消費税増税分で賄うことにしました。消費税はこうした分野にも使われていることを知ってください。

　今後、医学の進歩とともに、10万人に1人しか発生しない病気が治療できるようになります。政府が予算を投入してやっと治療方法を開発できるような難しい希少性のある難病が新たに出てきます。その一方で、技術進歩により、治療方法が確立し、かつては難病でしたが、今の技術では難病ではなくなる病気も出ています。こうした病気を難病の指定から外し、新しく発見された深刻な難しい難病の治療に資源と予算を集中する必要が出てきます。

　指定からはずすべき難病と、新規に指定すべき難病の選択をどのようにするのかという議論がこれから始まるわけです。

　もちろんこれまで医療費負担の軽減を受けて、支援されてきた対象の難病の患者さんからは「今までどおり支援をしてほしい」といわれるかもしれません。しかし、資源や予算、医師、研究者の数には限りがあります。他の病気でも医療費を負担している患者さんとの負担の公平も考えて、支援する順番に優先順位を付けなければならないこともあります。技術の進歩と経済の問題、倫理なども考えないといけない難しい議論になります。

1．経済学の役割を考える

●科学技術にできること

　現代社会が直面する問題にはさまざまなものがあります。資源や予算に限りがあり、何かをするためには何かをあきらめないといけないし、だれかがコストを負担しなければなりません。そういうなかで、人びとがより幸せに生きるような仕組みを考えていくことが、経済学の役割です。

　日本社会の最大でかつ困難な問題としては、少子高齢化が挙げられます。すごい勢いで子どもの数が減っている一方で、高齢者の数が増えて

いします。高齢者ほど病気がちで介護も必要になるので、社会保障の給付がどんどん増加していくという問題が起きてきています。このように予算や資源の制約があり、高齢化、人口減少が深刻になるなかで、科学技術は社会にどういう影響を与えていくのでしょうか。そして、逆にいえば、科学技術の開発だけではだめです。それを普及させるためには、社会経済の仕組みを整えないといけないのです。

　科学技術の普及や社会に与える影響を考えるためには、古典や歴史の本を読むことが重要です。ご参考までに章末に参考文献のリストを掲載しますが、ここでは、ウィリアム・H・マクニールの『世界史』についてご紹介しましょう。

　素晴らしい技術であっても、必ずしも世の中に普及するわけではありません。例えば世界の三大発明といわれている火薬と羅針盤と印刷技術は、最初は中国で発明されましたが、発明国である中国では普及せずに、宗教改革・ルネサンス後のヨーロッパで一気に普及し、その後のヨーロッパの経済成長に加速的な影響を与えました。その理由はいったい何だったのでしょうか。よい技術だから普及するわけではなく、普及するにはさまざまな社会経済的条件があったからなのではないでしょうか。宗教や思想、所有権、金融、企業のシステム、教育水準など、さまざまな社会的条件が技術の普及や進歩に影響を与えてきたといえるわけです。こうした歴史の仕組みが、マクニールの本には記されているので、ぜひご一読いただき、社会の仕組みと技術、あるいは人口の問題など、社会全体を見る目を養ってほしいと思います。社会科学・人文科学と自然科学をすべて学ぶ必要があります。慶應義塾大学にはリーディング大学院という大学院のコースがありますが、ここのプログラム委員も担当しています。リーディング大学院は、全研究科から、2つの修士と1つの博士を取るコースを用意しています。2つの修士には、文系の修士と理系の修士を組み合わせなければなりません。社会を先導していくリーダーにな

るためには、技術に詳しいだけではだめで、技術が社会からどのように影響を受けるのか、あるいは技術が社会にどのような影響を与えていくのか、科学と倫理、哲学といったことも考えなければならないからです。

　例えばマラリアという感染病を根絶するには、それを媒介する蚊を駆除すればいいわけですが、そのために、雄の蚊しか生まれないような遺伝子操作をおこなえば、蚊は子孫を残すことが困難になり、駆除することが可能になるという議論があります。「遺伝子ドライブ」という考え方ですが、それは技術的に可能だとしても、それが自然体系に与える影響や、倫理的な問題も考える必要があるわけです。

　あるいは人工知能やITの便利さが、逆に人間のもっている本来の能力や可能性、感性を奪ってしまうかもしれないということも考えなければなりません。これは参考文献に紹介しているニコラス・G・カーの本などが参考になると思いますので、ぜひ読んでいただきたいと思います。

●グローバルな視点をもつ重要性

　さて、私たちが直面する問題を挙げれば際限がありません。日本では、人口減少や格差社会、グローバル経済への対応、エネルギー問題、繰り返しやってくる大災害などが挙げられます。世界全体にみれば、環境問題が特に大きいだろうと思われます。みなさんには、自分の身の回りの問題だけではなく、世界が抱えている深刻な問題についてもぜひ認識をもっていただきたいと思います。そして、そういう視点から「経済学というのはどういう学問なのか」というのを考えていただきたいと思います。パーサ・ダスグプタ氏は、経済学とは、「なれるものやおこなわれることが著しく制限されている人びとの将来や未来を、もっと明るくする学問」であると述べています。

　この21世紀を生きるみなさんにとって、グローバル市民としての視点も非常に大切だと思います。これについては、マーサ・C・ヌスバウム氏の本を紹介していますので、グローバル市民としての素養はいったい

何なのかを、大学在学中に学んでいただきたいと思います。きちんと相手と議論すること、そして公的な権威などには簡単には屈しないことも大切です。そして境遇の違う、価値観の違う他の市民には、きちんと敬意を払うこと。自分と違う生活をしている人に対しての想像力を育てること。そして、人の「物語」「人生」もちゃんと理解していくことも必要であろうと思います。すなわち、データや数字だけでみるのではなく、「物語」を理解していくことが重要だということです。

　政治的にも、「インターネットやテレビがこういっている」ではなく、自分自身で判断するという能力をもつ必要があります。スマートフォンを使っていると、どうしてもよく見る情報だけが目に入ってしまい、「みんなそう思っているのだろう」と思い込んでしまう傾向がありますが、それではいけません。スマホは、ユーザーが好むような特定の情報しか伝えてこなくなったり、特定の情報ばかりが引っ掛かりやすくなるような傾向もあるからです。

2．格差の歴史から学ぶ

●豊かになった世界の抱えるジレンマ

　さて、今回は経済の話がメインなので、これから世界経済の話を少ししてみたいと思います。図1は、17世紀以降の世界と主要国のGDPの長期動向を示しています。世界全体のGDPの増加は、イメージ的にはドライブが掛かって増えてきているような状態です。そして世界と主要国の人口（図2）や1人あたりのGDP（図1）も同様に増加してきてどんどん豊かになっているのが現状です。もちろん、アメリカや先進国のような豊かな国では、1人あたりの所得はどんどん増えてきていますが、ただ世界全体でみると、その増え方は変動しながら、第二次世界大戦が終わったあたりからようやく伸びはじめて、先進国と中進国、後進国の差が大きく開く時期が続きました。今後どうなるかは、先行きはわかり

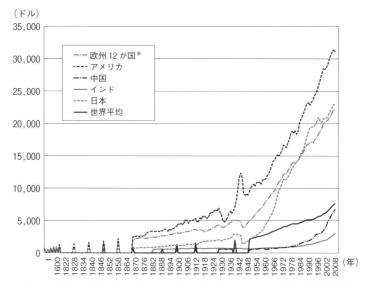

図1　世界・主要国の1人あたりGDP長期動向、1990年基準購買力平価

出典：Angus Maddison's Historical Statistics; http://www.ggdc.net/MADDISON/oriindex.htm
　　を元に筆者作成
＊オーストリア、ベルギー、デンマーク、フィンランド、フランス、ドイツ、イタリア、オランダ、ノル
　ウェー、スウェーデン、スイス、英国

　ません。もしかしたらどんどん先進国とその他の国の差が接近していく
かもしれません。みなさんには、このような長い経済成長の歴史という
ものも知っておいていただきたいと思いご紹介しました。
　では、この先はどうなるのでしょうか。どんどん物質的に豊かになっ
ても、先進国ではそれほど幸福度というものは上がってきてはいません。
むしろ経済的に豊かになればなるほど幸福度の伸びが収まってきて伸び
なくなるのではないか、幸福と経済的豊かさというのは別問題ではない
のかということも議論されるようになってきています。
　そして世界の人口増は、80億人を超えて今後もますます増えていくの
ではないかということが予測されています。ただ、「どこかで人口の増

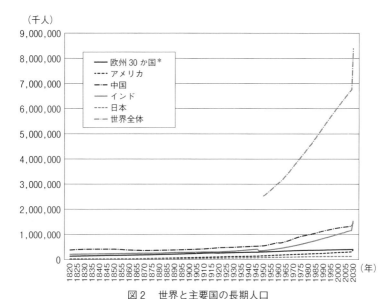

（千人）

図2 世界と主要国の長期人口

出典：Angus Maddison's Historical Statistics; http://www.ggdc.net/MADDISON/oriindex.htm
を元に筆者作成
＊オーストリア、ベルギー、デンマーク、フィンランド、フランス、ドイツ、イタリア、オランダ、ノル
ウェー、スウェーデン、スイス、英国、ポルトガル、スペイン、ギリシャ、その他

加も頭を打つのではないか」「その時期は意外に近いのではないか」と
いわれています。現に中進国でも次第に出生率が下がってきており、タ
イなども急激に出生率が下がってきて今後高齢化が進んでいくことが予
測されています。韓国はすでに先進国ではありますが、2065年前後には
人口の45％ぐらいが高齢者によって占められるようになるという予測も
出てきています。日本も2065年の高齢化率はおよそ40％になるといわれ
ています。

●富の集中が引き起こすもの

　また、たしかに社会は豊かになってきてはいますが、所得や資産の格
差はどうなのでしょうか。みんなが豊かになっているのか、あるいは上

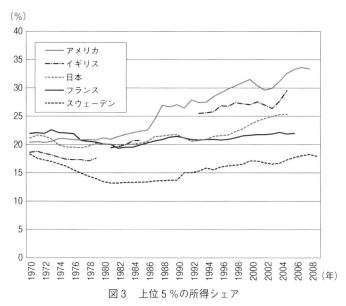

（%）

図3　上位5％の所得シェア

出典：The Top Incomes Database; http://g-mond.parisschoolofeconomics.eu/topincomes, 18/02/2011.

位の人が豊かになって下位の人は豊かになっていないのではないか、ということが問題です。図3は、1970年以降の所得上位5％の人が占める所得シェアを表したものです。アメリカの場合、上位5％の人が全体の所得の35％を占めているのがわかります。こうした傾向が、時代を追うごとに上昇してきており、日本でも徐々に富の集中が進んできていることが読み取れます。

　もっとさかのぼってみてみましょう。図4は、1900年ぐらいからの超長期の動向を示した図です。この図でわかることは、トップ1％の人が全体の所得の何パーセントを取ってしまっているのかということです。ただ、これはあくまでの所得に限った話なので、資産でみるともう少し集中度は高いといえます。およそトップ1％で、全体の所得の20％の所得を取ってしまっているという状態です。この割合は、戦前では非常に

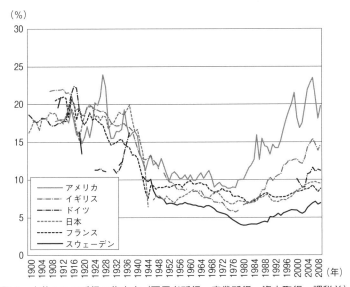

(%)

図4　上位1％の所得の集中度（雇用者所得、事業所得、資本取得、課税前）

出典：The Top Incomes Database; http://gmond.parisschoolofeconomics.eu/topincomes, 18/02/2011.

高かったといえます。2つの世界大戦以前では、先進国全体では日本を含めてどの国でも、きわめて所得の集中度が高く、特定の人がお金を押さえていたということになるわけです。

　こうした状態では、経済は活性化しないといえます。トップ1％の人が全体の所得の20％ものお金を使うわけもないので、お金を貯め込んでしまいます。すると、物をつくっても買う人がいなくなるので、失業者も増えてしまう状態になっていくわけです。

　すると、国内ではものが売れないので、他国で販売しようということになる。「自分の国の製品を売れるように誘導していこう」ということで植民地をつくったり、他の国との貿易を排除する経済ブロックをつくっていくようになります。「自分と自分の家族、自分と自分の国だけが大事であって、他の国はどうでもいい」というような構造になってしま

うわけです。

　こうした所得の集中と、経済の変動の結果、生み出されてしまった失業者に対して、社会保障などできちんとした手当はせずに、「外国が競争を仕掛けてきて関税を引くから悪いんだ」「我々の生活が苦しいのは外国が悪いんだ」というような「外国が悪いんだ」という言論が出てきて、社会のなかでのぎすぎすしたものが高まっていくわけです。そして、「それなら、どんどん植民地をつくって進出していこうじゃないか」ということになり、それが国際的な相互不信につながり、2度の世界大戦に向かってしまったわけです。

●中間層の出現

　イギリスは第一次世界大戦では、膨大な死傷者が出ました。ケンブリッジ大学やオクスフォード大学、イートン校などに行くと、第一次世界大戦の戦没者の名前がずらっと慰霊碑に書いてあります。特に第一次世界大戦は兵器の特性上まだ人間の役割が多かったわけですので、どちらかというと勇気のある、責任感のある人たちが続々と死んでいったといわれています。イギリスが第一次世界大戦以降急激に衰退していったのは、「オクスフォード大学やケンブリッジ大学を出た優れた人材が数多く亡くなったからではないか」という説があるぐらいです。

　しかし2回の世界大戦後、世界の富の集中というのは、日本も含めて一気に下がります。これは、工場や資産など戦争によって破壊されてしまったので、豊かな人のお金の源泉がなくなった結果です。そして「富の集中こそが社会を不安定にさせたんだ」という反省をもって、日本の財閥解体や農地の解放などがおこなわれ、平等な社会をつくることが目指されました。そして失業者の不満をためないように、生活保護や雇用保険、失業保険といった制度を整備し、自分たちが生活できないところにまで追い込まれないような環境を整えたわけです。これによって社会の安定が進んでいきました。

格差を縮め、市場のルールを決め、お金を多くもった人から税金を取って苦しい人の方に配分し、福祉国家をつくっていったわけです。その結果、お金持ちでもないけれど貧乏でもないという、いわゆる中間層の人たちが非常に増えてきました。中間層の人たちは、教養を身につけており、政治的にも極端な意見をいわないので、社会もバランスが取れるようになってきたわけです。

●グローバル経済・技術革新のひずみ

　しかしながら1980年代以降になると、世界は再び、富が集中することの社会的なデメリットを忘れてしまい、さまざまな経済の規制を見直していくことになります。「一生懸命頑張った人がたくさんもうけて何が悪いんですか」ということで、豊かな人がいかに税金を払わないですむか、というような仕組みづくりがどんどん進行し、アメリカを中心に富の集中が進んでいくことなります。この背景にはグローバル経済や、技術革新の影響もあるといわれています。日本も例外ではなく、じりじりと所得や富の集中が進むことになります。

　その後、1980年代以降も急速にグローバル経済が進んできました。さまざまな製品の輸出と輸入が増え、これまで工場が少なかった地域にも投資して工場を建て、そこで生産した製品を逆に輸入するようになりました。すると、「国内の労働者に頼らなくてもいいのではないか」「国内の労働者は失業してもいいし、賃金が下がっても仕方がないのではないか」というような意見が強くなるわけです。

　この結果何が起きたかを説明しましょう。図5は横軸に世界のすべての人びとを左から右に所得の低い順番に並べたものです。縦軸はこの20年間の所得の成長率です。象に似ているので、「象の鼻」と呼ばれています。この20年間で、所得が増えた人たちはどのような人たちなのか、ということがこの図からわかります。やはりインドやタイ、中国といった新興国の所得は、この20年間の累積で増えていることがわかります。

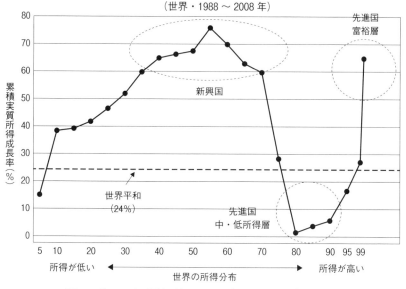

所得階級別の1人あたり実質所得の成長率
（世界・1988 ～ 2008 年）

図5　グローバル経済がもたらした中間層の消滅（象の姿）

出典：Lakner, C. & Milanovic, B. (2015) Global income distribution from the fall of the Berlin
　　　Wall to the Great Recession. *The World Bank Economic Review.*
注：2005年、PPP、ドルによる評価。

　一方、先進国の中・低所得層の所得には、ほとんど伸びがありません
でした。そして先進国の階層の高い人たちの所得は急激に伸びていきま
した。

　もちろんグローバル経済全体からみるとこれはけっして悪いことでは
ありません。今まで所得が低かった発展途上国に住んでいる人たちの所
得が上昇してきたという部分では評価ができます。ただ、政治というの
は一国のなかで決まるケースが多いわけです。すると、どういうことが
起こってくるかというと、ある先進国の失業率や貧困率が高まると、
「外国人労働者が来たせいで仕事を失ったんだ。我々が苦しいのはあい
つらのせいだ」という問題が出てくるわけです。イギリスやアメリカで

は、そういう主張が政治的な行動につながっていっています。そして「自分たちが一番大事なんだ」「自分と自分の家族だけを豊かにすればいいんだ」というような方向に、世論もだんだん広がっていってしまいます。特にアメリカの場合、ラストベルトに代表される中西部を中心とする６州では、製造業の仕事がどんどん奪われて、そこに住んでいる白人の労働者は仕事を失い、不満が蓄積しています。すると、これまではバラク・オバマ大統領を応援していたラストベルトでも、今度は不満を受けとめてくれるドナルド・トランプ氏の方に投票し、その結果トランプ政権を生み出す結果を招きました。

　トランプ政権にしてみれば、格差の拡大に対する国民の不満をそらす意味でも、敵をつくっておくことが得策です。そして、社会が分断すればするほど、そこを煽れば、選挙に勝つ可能性が高まります。

　ラストベルトなどの６州が、民主党を支持するか共和党を支持するかで大統領選の結果が変わるわけですから、この６つの州さえ味方にしておけばよい。６州の人びとにメリットのある政策さえやればいい、温暖化の問題に無関心でも、世界貿易での協調を進めなくても問題はないわけです。だからトランプ大統領は、６つの州の白人層の不満を受けとめるという戦略を採っているのです。

●世代間貧困連鎖

　このような格差の問題が、世界経済にさまざまな影響を与えるようになりました。さらに格差や貧困の問題、あるいは富の集中は、世代間でも連鎖するようになってきています。

　図６は、その国の1985年時点での格差が大きい国と小さい国を並べたものです。所得の集中度が進んでくればくるほど、図の右の方に来て、所得の集中度が低い国だと図の左側に来ます。デンマークやノルウェー、フィンランド、スウェーデンなどは、平等な国として有名です。

　縦軸は何かというと、「世代間所得弾力性」です。簡単にいえば、父

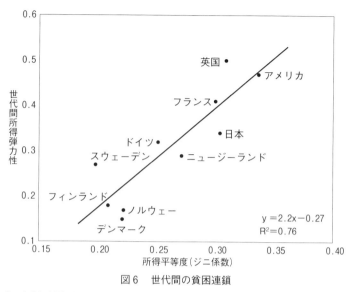

図6　世代間の貧困連鎖

出典：Corak, M. (2013) Inequality from generation to generation：The United States in comparison. *The Economics of Inequality, Poverty, and Discrimination in the 21st Century*, 1, 107-126.

親の所得と成人した息子の所得について、どれほど関係性が強いのかという尺度だと思ってください。親が豊かならば子も豊かになり、親が貧しければ子も貧しくなるという親子間の関連性の強さの尺度です。

　アメリカはよく「アメリカンドリームの国」と、すなわちリンカーンのように丸太小屋から大統領が出る国だといわれています。しかし、現代ではどの家に生まれるか、どの所得階層に生まれるかによってその人の人生の成功の可能性はすでに決まってしまっているといえるでしょう。逆に、スウェーデン、ノルウェー、フィンランドはどういう親の下に生まれようがチャンスは等しくあるということです。福祉や教育などにおいて、その質がユニバーサルに保障されていて、だれもが負担なく利用できるような国と、逆に、お金がなければ、保育所も医療サービスもまともな学校教育も利用できず、どのような家に生まれるかというスター

トラインによってものすごい差が出てくる国では、その後の人生が当然ながら違う結果になるわけです。要するにこれは貧しい家に生まれたら貧しいまま、豊かな家に生まれたら豊かになるという確率が非常に高いという傾向が強まってきているのではないかといわれています。

　「努力しても無駄なんだ」という不満を、どう解消すればいいのでしょうか。アメリカでは今20代から50代の人の労働力率がじりじり下がっています。特に男性の労働力率の低下が顕著です。通常20代から50代というのは、大学に行くのは別にして、ほとんど90％以上の人が働いているはずなのです。しかし、アメリカではこの世代の労働人口の割合が90％を下回るようになってきています。その原因の一つとして、薬物への依存症のために働けなくなっている人が増えているのではないかと考えられています。

●日本の格差問題を解決する

　じつは日本も他人事ではなく、かつて20年前は男性で20代後半から50代の97％ぐらいの人が就労するか失業していました。残りの３％以下の人が無業、つまり働く意欲がない状態でした。しかしそれが今では働いている人の割合が93〜４％ぐらいまで落ち込んでおり、一度も数字が上がらないままじりじりと落ちてきています。この労働力率から落ちてしまった人はいったいどういう状況になっているのでしょうか。また、政府はこれをどう考えているのでしょうか。

　他のデータをみれば、その状況はわかります。いわゆる引きこもり、これが40歳未満で40〜50万人、40歳以上でも60万人もいるわけです。膨大な人数の働けない、あるいは働く意欲を失ってしまった人たちが増えています。しかし日本の企業には、退職して長期の失業状態が続いた人を、受け入れる素地がありません。このまま放置しておけば、この人たちは生活保護受給者になってしまいます。そうなれば、社会保障給付が増加します。もちろん困った場合に生活保護を利用するのは国民の権

利です。すべての国民には生活に困る可能性があるのですが、多くの人がこの制度を利用するようになると社会保障の費用が大きく増えて、国民の負担も増大します。本人のためにもできるならば自分の収入で生活した方がよいでしょう。しかし、引きこもりの方への支援はまだまだ不十分です。彼ら／彼女らを助ける社会的な取り組みをなぜ整備しないのでしょうか。

　現在、私は、日本財団と組んで、いくつかの地方都市を連携対象にして、「国がやらないなら自分たちでやろう」というNPOをつくり、就労に困った人を支援する新しいプログラムを開発している途中です。

　格差の拡大は、人の感情や価値観、健康状態、知能にどういう影響を与えていくものなのでしょうか。子どものときに、他の人がみんなできるのに自分はできない、あるいは他のみんながもっているものを自分はもっていないということを経験したり、貧困などによるストレスを経験すると知能や言語の発達に悪影響があるという研究も出てきています。家庭内の状況も大切です。アメリカの調査ですが、3～4歳で親の世帯の所得水準によって、その家族内で使われている会話や言葉の数が全然違います。高所得層と低所得層で親子の会話の差の累積が3000万語になります。言葉の数も異なります。日常生活で使われている語彙数が低所得層と高所得層でまったく異なるということも研究で明らかになっています。低所得層と高所得層では、褒めるようなポジティブな会話、命令するようなネガティブな会話の回数も異なります。低所得層の親が子どもを叱ったり、命令するような言葉遣いを普段の会話のなかで頻繁に使っているのか、その言葉の使い方によって子どもの脳の発達の変化についての研究も出てきているわけです。こうした問題を解決するためには、単に所得を保障するだけではなくて、子どもたちの生活の環境や親の価値観にも、なんらかの支援をしなければいけないかもしれません。虐待をしている親を調べると、そのかなりのケースで、自分自身が子ど

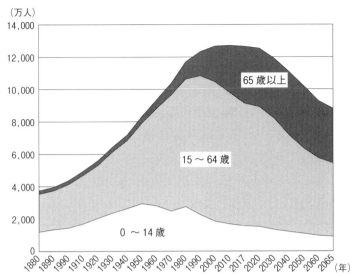

（万人）

図7　19世紀後半から21世紀半ばの日本の人口の推移（人口数と年齢構成）

出典：国立社会保障・人口問題研究所「日本の将来推計人口（2017年）」より作成

ものときに虐待されていた可能性があるという結果も出ています。

　このように社会が荒み、心が荒んでいくと、今度はだれかを敵にしていくようになります。これが繰り返された結果、先の2回の世界大戦につながってしまったわけです、したがって、私たちは同じような失敗をしてはいけないと思います。

3．統計資料から未来を予想する

　さて、図7の日本の人口動態をみますと、人口は今がちょうどピークになっており、これから徐々に減っていきます。白い部分が0歳から14歳の子ども、薄いグレーの部分が15歳から64歳、そして濃いグレーの部分が65歳以上の高齢者となっています。これからは高齢者が増えて、現役世代と子どもはどんどん減っていくという構造になっており、急激に

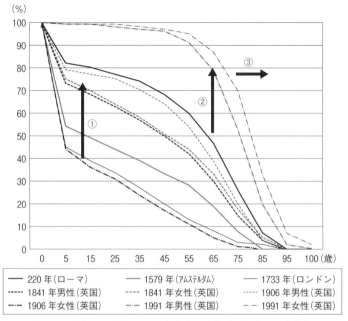

（%）

図8　3世紀から現在までの生命表の変化「三段階の長寿化」

出典：Teugels, J. L. & Sundt, B. (2006) *Encyclopedia of Actuarial Science, 3 Volume*, Wiley.

日本の人口は減っていくことが予想されています。その背景には、寿命
の伸長と出生率の低下の2つがあります。

●生命表の変化からみる三段階の長寿化

　図8は生命表です。縦軸が生存率を示しています。横軸が年齢だと思
ってください。縦軸の変化は、％で示しています。言い換えれば、0歳
のときに100人いた子どもたちが5年後に何人生きているかという数字
です。5年間で40人まで減ってしまう時代というのは、西暦220年のロ
ーマ帝国の時代です。西暦220年という、日本にまだちゃんとした国家
が成立していない時代に、生命表をつくっていたようです。それは、法
律で1人の人に相続を集中させないために、あとどれぐらい人が生きる

のかを知るために、生命表をつくっていたようです。

　最初の5年で100人が40人にまで減ってしまいますが、その後は意外にも、わりと穏やかな減り方になっています。次に子どもの生存率が低いのはどこかというと、18世紀前半のロンドンです。ローマの時代からおよそ1500年後のロンドンでこの状態です。1500年ものあいだ、子どもの生存率はほとんど進歩していなかったといえるわけです。

　この頃のイギリスというのは、産業革命の前夜で、世界史でも学んだ囲い込み運動などで、地域から農民が追い出されて、人口がロンドンに集中するようになっていました。ロンドンには地方で仕事を失った人たちがたくさん集まってきていて、路上生活をしている状態でした。

　ちなみに、これより少し前の時代のエリザベス女王の頃は、放浪してきた人は捕まえられて頭に焼き焦げた鉄ごてでＳのマークを付けられていました。そしてそのＳ字マークの付いた人間を奴隷にしていい、という時代でした。その奴隷が3回逃げ出した場合は、捕まえて処刑することも許されていたわけです。そういう非人道的な時代でした。

　当時は、衛生上の問題、薬の問題、食糧問題などが相まって、きわめて劣悪な状態にありました。ごみでも排泄物でも何でも窓から捨てていたようです。不衛生でペストなどの伝染病もたびたび蔓延していました。このような時代だったので、寿命が全然延びなかったのも理解できます。

　18世紀ロンドンよりは16世紀のアムステルダムの方が状況はよかったようですが、それでも多少よかった程度だといえます。その後矢印①のように19世紀、20世紀にかけてどんどん子どもの死亡率が改善していきます。これはまさに産業革命、技術革新の結果です。これが第一段階です。衛生状態や新しい医療技術、あるいは食糧状況がよくなっていき、子どもたちの死亡率が劇的に改善されて、ほとんど先進国では子どもが亡くなるというケースは少なくなってきました。

　その次の寿命の延びは、第二段階で、矢印②のように中高齢の死亡率

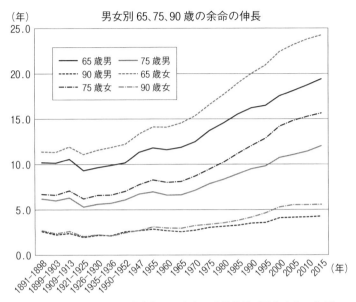

図9　20世紀後半からの中高年の死亡率の改善効果（平均余命の伸長）
出典：国立社会保障・人口問題研究所（2019）『人口統計資料集』より筆者作成

　の低下です。20世紀後半以降、高齢者の死亡率が低下して人の寿命が延びました。1980年代の予測では、日本の場合高齢者の寿命は平均で、男性75歳、女性80歳程度で打ちどめになるだろうといわれていました。しかし実際には全然違います。2065年には、女性の平均寿命は91.35歳まで延びると予想されています。高齢化のピークは、1970年代の推計では2020年前後で18％、高齢者の数では2,500万人程度だと予測されていました。しかし新しい推計では、高齢化のピークは39～40％弱、そして高齢者の数は3,900万～4,000万人という数にまで増えています。人口が減る一方で、高齢者の寿命が増えた結果、高齢化率が上昇しているわけです。図9は男女別に65歳、75歳、90歳時点での平均年齢の伸びを示したものです。

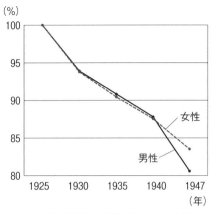

(%)

図10　大正生まれ世代の生存率の変化

出典：駒村康平編著（2016）『2025年の日本　破綻か復活か』勁草書房

●情報を物語として理解する

　ただ、人類の寿命がこれほどになるまでにはいろいろな時代がありま
した。例えば大正生まれの世代、1925年あたりで０歳から15歳だった世
代の人です。学生のみなさんは、小学校の友達が亡くなったという経験
はあまりおもちではないでしょう。死というものは、はるか向こうに存
在する自分とは関係ない話で、死ぬ人の多くは高齢者だと思っているか
もしれません。しかし、当時は、結核や急性の病気にかかり、若いうち
に亡くなる人がとても多かったのです。死亡者のなかで若い人占める割
合がとても高かったということです。今では治る病気も、当時は治らな
かったわけです。そういう理由で、この大正世代では、生まれてからの
22年間で15％くらいの人が亡くなりました（図10）。

　特に1940～1947年までの７年間では、男性の減り方と女性の減り方
が違っています。これは、男性は戦争に行って亡くなっていることを表
しています。その時代その時代で、戦争の悲劇や人生のはかなさといっ
たものが文学にさまざまな影響を与えています。みなさんも、曾祖父の

誕生と加齢の経済学　　185

方々が若いときどのような青春時代を送ったのかということについては、少し関心をもっておいてもらいたいと思います。

　鹿児島県に知覧という町があって、そこには特攻隊の基地がありました。特攻隊を賛美するような話をするつもりはまったくありませんが、『知覧からの手紙』という書籍のなかに、検閲を逃れて残された、特攻隊の兵士が恋人に宛てた手紙についてエピソードが載せられています。これについて簡単にご紹介いたします。

　特攻隊の兵士は、穴澤利夫少尉という方です。戦争中なので、東京の中央大学法学部を早期卒業して、国の図書館で働いていました。そのときに、1歳年下の智恵子さんと出会い、婚約をするわけです。しかし彼は特攻隊に指名されます。そして、「もう死ぬかもしれないが、でも結婚したい」ということで、東京に戻り、親のところにあいさつに行くわけです。しかしその日の夜に空襲があり、お互いに相手の家が燃えてしまったのではないかと心配になって、お互いを探し回り、偶然にも神社の前で再会できました。そこで、空襲から2人で逃げることになりましたが、池袋の駅前で人にもまれて離れ離れになってしまい、その後、彼は二度と彼女と会う機会はなく、検閲を逃れた手紙だけが残されたわけです。

　みなさんと同じ世代の人が想う恋人に対して残した手紙です。これは非常に心を打つものがあります。あなたの親に感謝をすると。そしてあなたに出会ったことにも感謝をすると。だけど僕はこの世の存在ではもうなくなるんだから、僕との約束はもう忘れて、あなたは自分現実の世界を幸福に生きてほしいという手紙を残していくわけです。その一方で『万葉集』を読みたいこと、そして彼女である智恵子さんに会いたいということが、最後に書かれているのです。やりたいことをたくさん残して、特攻に行くわけですから。

　そしてじつは、彼が特攻に飛び立つときの写真が残っているのです。

なぜ穴澤少尉の写真ということがわかったのか。1人だけ白い軍用のマフラーが膨らんで写っているわけです。なぜこの人のマフラーが膨らんでいたのかというと、智恵子さんからもらったマフラーを軍用のマフラーの下に着けていたからです。彼女と一緒に生きたかったという想いを込めて、マフラーを着けて特攻に飛び立ったわけです。

　残された智恵子さんの方はどういう人生を送ったのでしょうか。結局、彼女は、その後別の人と結婚するわけですが、彼女が亡くなった後に、彼女が1つだけ大切に残していたたばこの吸い殻が見つかりました。これは何だったかというと、穴澤さんが残した吸い殻なのです。これしか彼の遺品はなかったということだと思います。戦争中はこういう時代でした。私たちは二度とこのような悲劇が起こらないように、歴史で何が起きたのかをしっかりと学ぶ必要があるのです。

　したがって、単に人口の動きの話でも、統計としてだけみるのではなく、人の「物語」として理解するということはたいへん重要だと思っています。

4．人生100年時代の社会保障／税制度の課題
　さて、国立社会保障・人口問題研究所の金子隆一氏の「人口高齢化の諸相とケアを要する人々」という論文は、インターネットに掲載されていますので、読んでいただきたいと思いますが、昔は若い人の方が死ぬことが多く、高齢者の死者は今に比べればはるかに少なかったといえます。しかしこれからは、「死ぬ人」は高齢者になってきます。今は毎年120〜130万人が亡くなっていますが、その数字もまもなく170万人に上ることが予想されています。寿命が延びても毎年170万人が死ぬようになるわけです。かつては感染症などの死亡原因が多かったのですが、これからはがんや循環器系の疾患などの慢性疾患の死亡原因が増えてきます。あるいは今、若い人の死亡原因のトップが自殺になるなど、時代に

よって死亡要因も変わってきているということができます。

　そうはいったものの、先ほど申し上げたように、寿命は20世紀後半からどんどん延びてきています。「あと何年生きられるのか」という平均余命という概念があります。2015年時点の65歳女性では、約25年となっています。65歳に25歳を足すので90歳です。今後も65歳以上の余命は延びてくると予測されています。これは考えたらすごいことです。今後、医療の技術革新をそのまま全国民が使えるようになった場合、21世紀生まれの先進国の子どもたちは100歳の寿命を過ごすようになるのではないかというシミュレーションがカリフォルニア大学とドイツのマックスプランク研究所から出されています。

●年金

　年金の話に戻りますが、国民年金・基礎年金というのは20歳から60歳まで40年間払い、そして65歳以降生きている限りずっともらえるものです。かつて年金制度ができた頃は、60歳以降、生きている期間が10〜15年ぐらいの間でした。したがって、40年間払った保険料で15年分を年金で生活するという社会でした。これなら財政的に持続できます。しかし今のままだと、自分で40年間保険料を払い、30年から35年も年金を受け取ることになります。これでは財政的にもつじつまが合うわけがありません。したがって、若い世代ほど寿命が延びているので、現行年金制度では、寿命が延びた分だけ一人あたりの年金を削るという政策をすでに採用しています。しかしこれがいいのかどうなのかというのは大きな議論があると思います。

　具体的には、全員の年金をおよそ2047年にかけて年金の給付水準を20から30％の給付を引き下げることになります。年金の額が25万円の人も６万円の人も関係なく実質的に20から30％カットするという仕組みです。年金が25万円の人ならなんとか生活できますが、年金が６万円の人は生活できなくなってしまいますので、生活保護を利用するようになってし

まいます。

　生活保護の水準を決める審議会では、「生活保護受給者は高齢者が多くて財政が厳しくなる」といわれます。しかし、「年金の給付水準を下げて生活保護を増やすような政策を別途やっているんだからしょうがないだろう」と思っています。生活保護を受給しない人からは、年金より生活保護の方が給付水準が高くておかしいという話も出てきます。しかし、だからといって簡単に生活保護の水準を下げるわけにはいきません。きちんと社会で生きていく程度の最低限度の水準まで保障する必要があります。

　年金の話に戻ると、長寿社会で年金をどうするのかというと、やはり高齢でも働ける社会をつくるしかないと思います。寿命が延びた結果、昔の55歳と今の55歳、あるいは昔の60歳と今の60歳とでは体力も知力も全然違います。漫画『サザエさん』の登場人物であるサザエさんの父、波平さんは、漫画を見た方ならわかると思いますが、どこから見ても65歳以上の高齢者に見えます。当時は退職年齢も55歳ぐらいでしたが、波平さんは退職直前の54歳という設定です。寿命が70歳ぐらいの時代の54歳というのはあのようなイメージだったわけです。要するに人間の知能も体力もどんどん向上しているわけです。こういう状況を社会がどう受け入れていくのかについても、考えていかなければならないと思います。

●出生率の低下

　図11の一番上の折れ線は、1975年時点の人口推計です。当時は毎年200万人生まれてくるという想定をしていました。１人の女性が２人の子どもを産むという状態が1975年以降ずっと続いていたのであれば、毎年生まれてくる子どもは200万人のはずだったということです。しかし、現実に起きているのはこの2017年推計の折れ線です。これは2015年以前は現実の動向で、2015年以降は推計値です。現実に１年に生まれてくる子どもは、現在では100万人を下回り、まもなく90万人を下回るように

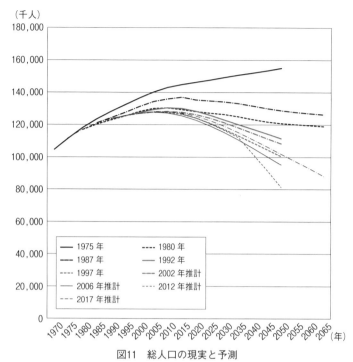

（千人）

図11　総人口の現実と予測

出典：国立社会保障・人口問題研究所「日本の将来推計人口」各年より作成

なることが予測されています。そして2050〜2060年には、生まれてく
る子どもの数は、50万人まで減るといわれています。つまり１人の女性
が２人の子どもを出産する社会のままであったらば１年に200万人生ま
れたであろう日本の子どもたちが、将来は50万人まで減るということで
す。

　政府は従来やや楽観的な予測を立てており、「今から出生率が回復す
ればなんとかなる」などといっています。しかし、じつはもう手遅れな
のです。なぜならば、親になる人の数が減ってしまっているからです。
したがって、２人をはるかに超える子どもを１人の女性が出産しないか

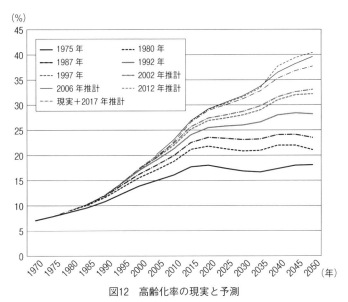

(%)

図12　高齢化率の現実と予測

出典：国立社会保障・人口問題研究所「日本の将来推計人口」各年より作成

ぎり、人口減少のスピードはもう止まらないという状態になっています。

　一方で、2040年ぐらいになると亡くなる人が165万から170万人ぐらいになります。生まれてくる子どもはこの頃で60万人から70万人でしょう。したがって、日本人は毎年100万人ずつ人口が減少するという社会になっていくわけです。そうした状態のときに、AIが実用化された場合、どうなるのでしょうか。今、「AIに仕事が奪われる」という議論がなされていますが、それよりはむしろ、人口減少の弊害をサポートしてくれる効果があるかもしれません。介護人材不足などの労働力不足を、技術によってどこまで補うことができるのか、ということも、技術と人口の関係から考えることができます。

　図12は、昔の人口推計と最新の人口推計において、どの程度高齢化率にギャップがあるのかを示した図です。1975時点の人口推計だと高齢化

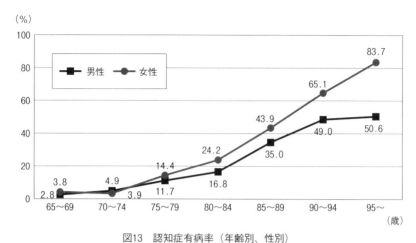

(%)

図13　認知症有病率（年齢別、性別）
出典：佐藤通生（2015）「認知症対策の現状と課題」『調査と情報』No.846

率のピークは17〜18％ですが、現実には40％に向かって接近しており、大きなずれが生まれていることが読み取れます。なお、日本社会の平均年齢は、高度経済成長のときには20代で非常に若い社会でした。しかし、それが今は45歳ぐらいになっています。そしていずれは55歳になろうとしています。社会全体の高齢化が進む一方で、子どもの数が減っていますので、社会全体の平均年齢は55歳にまで上がってしまいます。平均年齢20代のときにつくった社会システムを、55歳中心の社会のなかでどのように変えていかなければならないのかも、考えていく必要があると思います。

●認知症患者の増加

　今後、75歳以上の人が増えるのはどういうことを意味するのでしょうか。図13のように75歳以上になると認知症になるリスクが急激に上がります。男性よりは女性の方がより認知症になりやすいとされています。図13をみてもわかるとおり、75歳以降では認知症にかかる割合が急激に

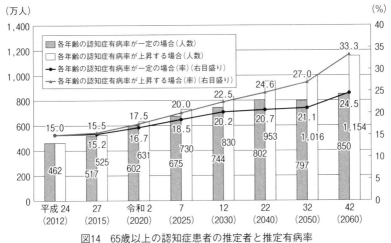

図14　65歳以上の認知症患者の推定者と推定有病率

出典：内閣府（2017）『平成29年高齢社会白書』

増加し、95歳までになると、女性の場合は八十数パーセントの人が認知症になるとされています。

　これからの高齢化社会は、75歳以上の人が増加する社会であり、認知症の人が増加する社会であるといえます。現時点で認知症になっている人数は約600万人だろうと推計されます（図14参照）。この数が、2040年では800万人から1,200万人にまで増加することが予測されています。今のところ認知症の治療薬は開発されていませんので、この社会にとってはものすごく大きな負担が掛かってくるわけです。そのとき、社会を支えるみなさんはどうすればいいのでしょうか。祖父母、あるいは親の面倒をどうみるのか、ということも考えなければなりません。それまでに、いろいろな技術の開発や認知症の予防などをどう実現し、普及させるのか。時間との競争になってきているといえるでしょう。

　人口のデータや格差のデータを手掛かりに、社会保障の問題や歴史の

問題など、いろいろお話をしましたが、私がみなさんにお伝えしたいのは、専門の勉強をしていただくと同時に、歴史や思想、あるいは社会システム、文学、哲学の勉強もバランスよくおこなっていただきたいということです。

参考文献

青木昌彦、瀧澤弘和、谷口和弘『比較制度分析に向けて』NTT出版、2001年

ジャック・アタリ『21世紀の歴史——未来の人類から見た世界』（林昌宏訳）作品社、2008年

英『エコノミスト』編集部『2050年の世界』（船橋洋一ほか訳）文藝春秋、2012年

ニコラス・G・カー『オートメーション・バカ——先端技術がわたしたちにしていること』（篠儀直子訳）青土社、2014年

ニコラス・G・カー『ネット・バカ——インターネットがわたしたちの脳にしていること』（篠儀直子訳）青土社、2010年

金子隆一「人口高齢化の諸相とケアを要する人々」『社会保障研究』1巻1号、pp. 76-97、2016年

アブナー・グライフ『比較歴史制度分析』（神取道宏ほか訳）NTT出版、2011年

コリン・クラウチ『ポスト・デモクラシー——格差拡大の政策を生む政治構造』（山口二郎監訳）青灯社、2007年

駒村康平「社会保障の役割は社会の不条理の最少化」『日本医事新報』4654号、2013年

駒村康平『日本の年金』岩波書店、2014年

駒村康平『中間層消滅』角川新書、2015年

駒村康平編著『2025年の日本 破綻か復活か』勁草書房、2016年

佐藤通生「認知症対策の現状と課題」『調査と情報』No. 846、2015年

パーサ・ダスグプタ『経済学』（植田和弘ほか訳）岩波書店、2008年

マーサ・C・ヌスバウム『経済成長がすべてか』（小沢自然ほか訳）岩波書店、2013年

D・C・ノース、R・P・トマス『西欧世界の勃興』（速水融、穐本洋哉訳）ミネルヴァ書房、1980年

ジョセフ・ヒース『資本主義が嫌いな人のための経済学』（栗原百代訳）NTT出版、2012年

ウィリアム・H・マクニール『世界史』上・下（佐々木昭夫ほか訳）中公文
庫、2008年
アンガス・マディソン『経済統計で見る世界経済2000年史』（金森久雄監訳）
柏書房、2004年
水口文乃『知覧からの手紙』新潮文庫、2010年
Corak, M. (2013) "Inequality from generation to generation: The United States
in comparison". *The Economic of Inequality, Poverty, and Discrimination in
the 21st Century*, 1, 107–206.
Lakner, C. and Milanovic, B. (2015) "Global income distribution from the fall of
the Berlin Wall to the Great Recession". *The World Bank Economic Review*.
Teugels, J. L. and Sundt, B. (2006) *Encyclopedia of Actuarial Science*, 3
Volume, Wiley.

Angus Maddison's Historical Statistics;
http://www.rug.nl/ggdc/historicaldevelopment/maddison/releases/
maddison-project-database-2018
Ageing in the Twenty-First Century A Celebration and A Challenge
Author: UNFPA and HelpAge International
http://www.unfpa.org/ageingreport/
http://www.oxfam.jp/media/LeftbehindbytheG20.pdf
"Inclusive Wealth: Transition towards Sustainability"
http://www.ihdp.unu.edu/article/iwr
The Top Incomes Database;
http://g-mond.parisschoolofeconomics.eu/topincomes
財政関係：財務省HP、厚生労働省HP
年金関係：2014年年金財政検証
人口関係：国立社会保障・人口問題研究所「日本の将来推計人口」各年、「人
口統計資料集」、内閣府HP「平成29年高齢社会白書」

生命の経済史
資本主義と公共善

山本浩司

（やまもと　こうじ）東京大学大学院経済学研究科准教授。1981年生まれ。University of York（UK）卒業。2010年Ph. D in History。専門は、イギリス近世史、西洋経営史。特に産業革命以前の「企業の社会的責任」や金融バブルの歴史研究。著書に、*Taming Capitalism before its Triumph: Public Service, Distrust, and 'Projecting' in Early Modern England*（Oxford University Press, 2018）、Koji Yamamoto（ed.）, *Puritans, Papists and Projectors: Stereotypes and Stereotyping in Early Modern England*（Manchester University Press, forthcoming）等がある。

はじめに

　最初に私が今もっているこのペンケースの話をします。これは、4〜5年前にエシカルファッションのブランドで購入したものです。日本のメーカーが開発途上国に工場を造り、現地の人に良質な労働環境と収入を提供しようというビジネスです。このペンケースの場合はバングラディシュの工場で作られています。これを買って使うと消費者自身もいいことをして嬉しいし、現地の人にもメリットがあって、win-win な関係のはずです。

　この話を聞いて「ほんとうかな」「疑わしいな」と思う人はいるはずです。私も投資銀行に勤めている友人に話して「だまされているよ」といわれたことがありました。その人は「お前は口車に乗せられて、実際はもっと安くて良質なものを買えたにもかかわらず、ストーリーに金を

払ってしまったんだ」というのです。

こうした「エシカル」なビジネスについては、もう一つ話題があります。ESG（Environment Society and Governance）投資です。これは、会社が株主や企業体の利益だけを追求するのではなく、環境や社会に配慮をしたガバナンス（企業統治）をおこなうための投資をすべきだという考え方です。最近とても流行しているキーワードです。

一方で、エシカルなペンケースの話をした際に「疑わしい」と感じる人がいるわけです。つまり、企業の社会貢献については、社会的な機運が盛り上がってきていますが、そういうものに対して、同時に私たちは何か留保したい気持ちもはたらいてしまうようです。

1.「生命の経済史」の研究方法

歴史学者は、現在私たちが直面している状況の歴史的背景について調査します。そうすることで、現代的な問題に新しい視点を投げかけているわけです。大学は、そうした研究に身を投じる人を在籍させ、日々の利益を生むためのPDCAサイクルなどにはあまり影響されないかたちで長期的な視点の研究をおこなわせることで、その視点を社会に還元します。それが社会における大学と歴史研究者たちのミッションの一つだと考えています。

そんな研究者たちの研究サイクルを図示したものが図1です。まず「問題意識の（再）検討」からスタートして、これまでの研究について史料を集め分析し、論文を書いて学会発表をしたうえで学術雑誌に投稿します。研究はこのサイクルの繰り返しですが、うまくいくこともあれば、いかないこともあります。

私は西洋のなかでもイギリスを中心とした歴史を研究しています。史料館や図書館などに出掛けては昔の手紙や出版物などの史料を読み、現代的な問題を歴史的に考えたりしています。

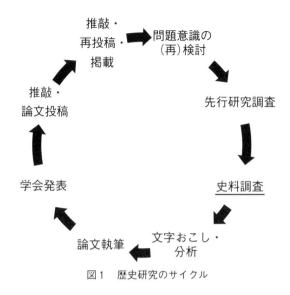
図1　歴史研究のサイクル

　具体的な研究のプロセスについて紹介しましょう。図2はイギリスの法案が書かれた羊皮紙です。このような巻物を広げて法案を読みます。行間にも文字が書かれている場合があるので、虫眼鏡を使って読むこともあります。このような調査研究から得た成果を国内外で発信するのです。

　最近、研究者という職業は暗くて大変な職業だとイメージされているような気がしますので、明るい面についてもお話しましょう。ロンドンにいたときは、イングランド銀行というイギリスの中央銀行で研究者と一緒にフィールドワークをしていました。ケンブリッジ大学でお世話になった研究者が来日したときには一緒に食事に出掛けました。ロサンゼルスでシンポジウムを開催したときには、植物園付属の図書館でおこないました。研究者みんなで植物園を歩きながら議論し、その後も食事をとりながら議論しました。このように、大変で孤独な作業の合間に、ハイライトのような時間もあるのです。このように史料を読んだり、ほか

Acts of parliament
（パーチメント＝羊皮紙を丸めてある）

虫メガネを使って行間を読む。1662年制定の法律の修正過程が判明した。

図2　17世紀イングランド法令

出典：Parliamentary Archives, United Kingdom, HL/PO/PB1/1662/14C2n46, An Act for making navigable of the Rivers of Stower and Salwerp

の研究者と議論をしたりして、研究を進め、論文を書いていきます。

　そして、学生のみなさんには、研究成果を伝えることをとおして、いつもいっていることがあります。みなさんには、ただ漫然と働く労働力になるのではなく、考える力をもった良き市民になってほしいと思っています。それは文系でも理系でも変わりません。慶應であれば「独立自尊」という考え方があります。これはきわめて重要なことばです。標語として掲げられているだけではなく、実際にこの「独立自尊」が心に息づいている人間になってほしいのです。私たち研究者は、過去への理解を通じてよりよい未来の創造の一助となることで社会へ研究の成果を還元し、人類の知識に貢献したいと思っています。今、日本のテレビ番組に出演したり、TEDに登壇したり、IBMのメディアに記事を掲載したり、ル・モンドで議論することによって、研究成果を世の中に還元しようと試行錯誤しているところです。

　ちなみに、私の場合は「生命の経済史」というテーマで社会や知識に貢献したいと思います。具体的には市場やマーケットは人びとを幸せにするのか、それとも生活の基盤や生命そのものを脅かすものになり得るのか。この大きな問題について歴史から何か学べることはないかと私は考えてきました。この問題にはだれもが合意する結論はありません。暫定的ではありますが、私の現時点での答えをまとめたものを書籍にして2018年に出版しました。この書籍については、批判や同意などの論評が少しずつ出てきました。

　本章ではこの書籍の内容を中心に据え、歴史を専門にしていないみなさんに歴史学のフロンティア分野がどんなものかを少しでも知っていただきたいと思っています。

　また、私の研究成果のエッセンスをみなさんにお伝えし、研究の具体的成果を部分的でも構わないので共有したいと思っています。「歴史を学ぶ」「歴史から学ぶ」ことについて、一緒に考えていきましょう。

2．資本主義をてなずける

　「社会科学」の分野は、基本的には仮説がありそれを検証する学問です。一方、歴史学の場合にはさまざまなアプローチがあります。一定の仮説は一応あるものの、史料館のような施設に飛び込んでいって、発見したものを基にボトムアップでストーリーが立ち上がるか否かを見ていくという、人類学的な手法もあります。私の場合はこの方法です。史料にあたってから全体像を提示していきます。

　私の著作、*Taming Capitalism before its Triumph* では、「資本主義をてなずける」「マーケットをてなずける」ということについて考えました。このテーマが、冒頭でお話したペンケースの話につながっていきます。この書籍の内容は、ビジネスによる社会問題や行政的課題解決、国家的野心の追求の歴史についてです。市場を社会的な目的のために応用することの難しさを歴史的に繙いています。SDGs でも用いられるマーケットを使って社会問題を解決する手法はうまくいくのか、というお話です。

●資本主義はどのように理解されてきたか

　まずは、資本主義がどのように理解されてきたかについて、簡単にご紹介させてください。例えば、ブルジョアやビジネスマンが労働者や幼児・資源を搾取していく歴史は教科書などによく登場しますね。19世紀イギリスの炭鉱で子どもがトロッコを引いて、労働者として搾取されているという有名な絵があります。このような工業生産体制がいかに確立され、イングランドを中心とした西ヨーロッパでいかに産業革命が起こったかについては、いわゆる資本主義の歴史の主要な内容として語られてきました。

　それに付随して大西洋貿易やグローバルなコモデティ・チェーンなども説明されます。例えば、綿がインドから輸入され、黒人が奴隷化され、アメリカ大陸に労働力として供給されていく背景やシステムが同時に語

られています。

　これまでの研究は、このような生産関係に注目し、だれが生産力と資金をもっているかに注目したマルクス主義的な議論と、それに反発して1990年代くらいから始まった消費社会の研究が主なものでした。それは、中世の時代において、人はビジネスや利益の獲得に消極的だったと思われていたのですが、ルネサンスが到来し現世における人間性が肯定され、18世紀に入り啓蒙の時代になると、私的利益や企業利益の追求が社会的に許容され、正当化されるようになったという理解があったからです。

●通説を覆す史料の発見

　しかし、私は大学を卒業してイギリスに留学してまだ研究者になるのかどうかも決めていなかった時期に、その従来の理解を覆す史料群に出会ってしまいました。そしてそれを調べていくうちに研究者になってしまったのです。

　いくつか発見したもののうちの一つをお見せしましょう。図3は、1698年にイギリスのロンドンで印刷された、スタートアップベンチャー企業のビラの一部です。

　当時すでにクラウドファンディングが実施されていて、「自分たちが新しいビジネスをするから、出資してほしい」と投資を募っています。ベンチャー企業ブームのようなことが起こっていたわけです。そのクラウドファンディングにおいて、「undertaking」つまり新しいビジネスが「Charitable to the Public Good」であると説明しています。つまり、「Public Good」は「公共善」や「公益」と訳しますから、要は、貧しい人びとへのチャリティになり、つまりは社会のためになるといっているのです。

　「Profitable」という文字も見えます。だれにとって「Profitable」なのかというと「every Person who shall be concern'd therein」ですので、クラウドファンディングにお金を投資したすべての人びとにリターンが

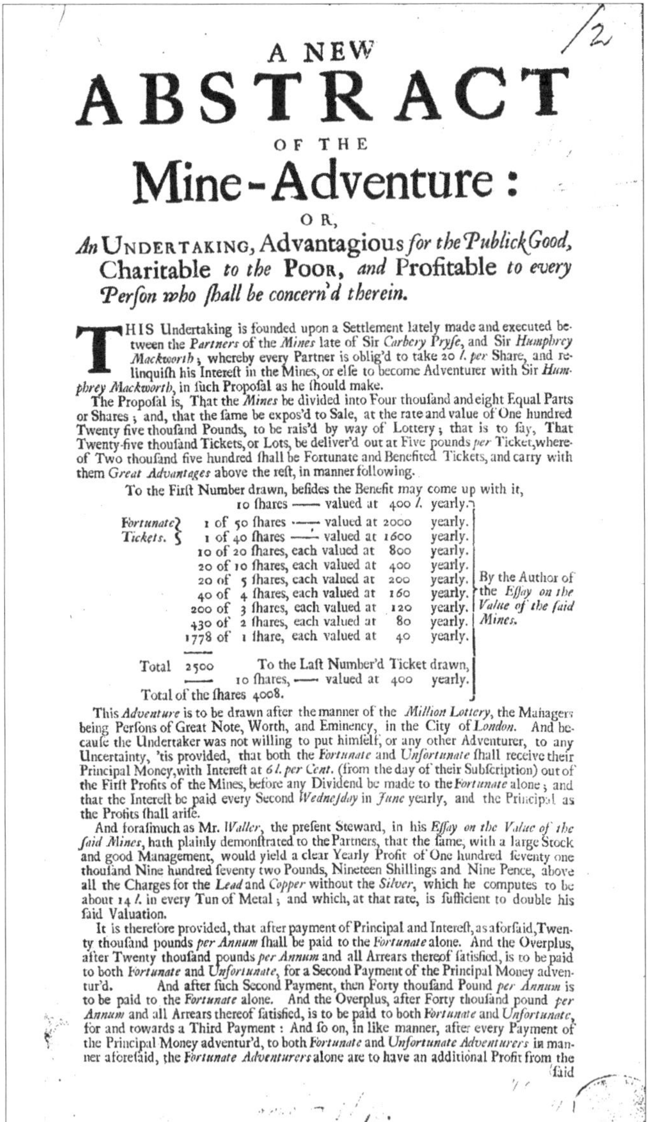

/2

A NEW
ABSTRACT
OF THE
Mine-Adventure :
O R,

An UNDERTAKING, Advantagious *for the* Publick Good,
Charitable *to the* POOR, *and* Profitable *to every*
Perſon who ſhall be concern'd therein.

THIS Undertaking is founded upon a Settlement lately made and executed be-
tween the *Partners* of the *Mines* late of Sir *Carbery Pryſe*, and Sir *Humphrey
Mackworth*; whereby every Partner is oblig'd to take 20 *l.* per Share, and re-
linquiſh his Intereſt in the Mines, or elſe to become Adventurer with Sir *Hum-
phrey Mackworth*, in ſuch Propoſal as he ſhould make.

The Propoſal is, That the *Mines* be divided into Four thouſand and eight Equal Parts
or Shares; and, that the ſame be expos'd to Sale, at the rate and value of One hundred
Twenty five thouſand Pounds, to be rais'd by way of Lottery; that is to ſay, That
Twenty-five thouſand Tickets, or Lots, be deliver'd out at Five pounds *per* Ticket, where-
of Two thouſand five hundred ſhall be Fortunate and Benefited Tickets, and carry with
them *Great Advantages* above the reſt, in manner following.

To the Firſt Number drawn, beſides the Benefit may come up with it,
　　　　　　　　　　　10 ſhares —— valued at 400 *l.* yearly.⎤
Fortunate⎱　1 of 50 ſhares —— valued at 2000　yearly.⎟
Tickets. ⎰　1 of 40 ſhares —— valued at 1600　yearly.⎟
　　　　10 of 20 ſhares, each valued at　800　yearly.⎟
　　　　20 of 10 ſhares, each valued at　400　yearly.⎟
　　　　20 of　5 ſhares, each valued at　200　yearly.⎟ By the Author of
　　　　40 of　4 ſhares, each valued at　160　yearly.⎟ the *Eſſay on the*
　　200 of　3 ſhares, each valued at　120　yearly.⎟ *Value of the ſaid*
　　430 of　2 ſhares, each valued at　80　yearly.⎟ *Mines.*
　1778 of　1 ſhare, each valued at　40　yearly.⎟

Total　2500　　　To the Laſt Number'd Ticket drawn,⎟
——　　　　10 ſhares, —— valued at 400　yearly.⎦
Total of the ſhares 4008.

This *Adventure* is to be drawn after the manner of the *Million Lottery*, the Managers
being Perſons of Great Note, Worth, and Eminency, in the City of *London*. And be-
cauſe the Undertaker was not willing to put himſelf, or any other Adventurer, to any
Uncertainty, 'tis provided, that both the *Fortunate* and *Unfortunate* ſhall receive their
Principal Money, with Intereſt at 6 *l. per Cent.* (from the day of their Subſcription) out of
the Firſt Profits of the Mines, before any Dividend be made to the *Fortunate* alone; and
that the Intereſt be paid every Second *Wedneſday* in *June* yearly, and the Principal as
the Profits ſhall ariſe.

And foraſmuch as Mr. *Waller*, the preſent Steward, in his *Eſſay on the Value of the
ſaid Mines*, hath plainly demonſtrated to the Partners, that the ſame, with a large Stock
and good Management, would yield a clear Yearly Profit of One hundred ſeventy one
thouſand Nine hundred ſeventy two Pounds, Nineteen Shillings and Nine Pence, above
all the Charges for the *Lead* and *Copper* without the *Silver*, which he computes to be
about 14 *l.* in every Tun of Metal; and which, at that rate, is ſufficient to double his
ſaid Valuation.

It is therefore provided, that after payment of Principal and Intereſt, as aforſaid, Twen-
ty thouſand pounds *per Annum* ſhall be paid to the *Fortunate* alone. And the Overplus,
after Twenty thouſand pounds *per Annum* and all Arrears thereof ſatisfied, is to be paid
to both *Fortunate* and *Unfortunate*, for a Second Payment of the Principal Money adven-
tur'd. And after ſuch Second Payment, then Forty thouſand Pound *per Annum* is
to be paid to the *Fortunate* alone. And the Overplus, after Forty thouſand pound *per
Annum* and all Arrears thereof ſatisfied, is to be paid to both *Fortunate* and *Unfortunate*,
for and towards a Third Payment : And ſo on, in like manner, after every Payment of
the Principal Money adventur'd, to both *Fortunate* and *Unfortunate Adventurers* in man-
ner aforeſaid, the *Fortunate Adventurers* alone are to have an additional Profit from the
ſaid

図3　1698年ロンドンで印刷された出資を募るビラ

出典：*A new abstract of the Mine-Adventure*（London, 1698）

あるといっています。貧しい人びとに職を与えて、みんなが win-win で完璧ではないかといったことがビラには書かれています。

　大学院留学をしていた当時の私にとって、このビラは驚きでした。1698年当時にビジネスは利益追求を謳うだけでなく、宗教的で敬虔な人間のチャリティや社会貢献に適うものだといわれていたらしいこと、株式会社の黎明期である300年前にこうしたことが流行していたことがわかったのです。この例だけではありません。史料を探せば似たようなものが次々と出てきました。今新しいことのようにいわれているビジネスを通じた社会や国家の課題解決は、300年前にはすでに当然のことだったのです。

　一方で、みなさんがペンケースの話について「疑わしい」と思ったように、当時の人も同じことを思っていました。自分たちのビジネスにお金を集めるための手段として、社会貢献を謳っているのだと思っていたのです。こうした社会貢献についての約束はうまくいくとは限りませんでしたし、国益や社会貢献を隠れ蓑にした腐敗やとんでもないビジネスも横行していました。

　しかし、これまで生産や発展、経済成長の要因を解き明かしたいと思っていた研究者は、この問題をあまり認識してきませんでした。経済発展の原因を理解するためには、こんな資金集めのレトリックは関係ないと思われて研究されてこなかったのです。でも、今の時代に歴史学はほんとうに経済成長の原因について研究するだけでいいのか、経済を成長させる秘訣だけが過去から学ぶべきことなのか、と私は思いました。他にも経済に関して過去から学ぶべきことがあるかもしれません。

　そこで私は、新規事業領域におけるいわゆる「public-private partner-ship（パブリックとプライベートの協働関係）」、つまり新たなビジネスを通じて社会貢献をすることについて考えた方がよいのではないかと思ったのです。当時の人びとは、さまざまな理由で腐敗したり失敗したり

するかもしれないこの難しい問題をどうやって調整したのでしょう。いわゆる近代国家など存在せず、政府も行政組織も発展途上な状態です。経済学も経営学も学問として成り立っていません。どうやってこの問題について語っていたのでしょうか。

　そのため、私はビジネスを良き目的の達成のために方向づけする不断の調整過程が社会にはあったのではないかと思いました。そしてうまくいかないときに誰かが何かしらのかたちで調整していたのではないかという仮説を立てました。それが「資本主義をてなずける」という私の研究テーマです。このテーマを反映したのが私の著作タイトル *Taming Capitalism before its Triumph* です。産業革命が起き、本格的に資本主義が台頭するのは19世紀のことですが、それ以前から、このような調整過程があったのではないか、という主張が込められています。

3．錬金術とプロジェクト
●公共善の約束とプロジェクト不信
　私の著作の副題の「Public Service, Distrust, and 'Projecting'（社会貢献・社会不信・プロジェクト）」については、この調整プロセスに何が関係していたのかを端的に表現しています。特に「プロジェクト」はキーワードになりますので覚えておいてください。

　簡単にまとめると、ビジネスを通した社会貢献の約束は、みなさんがペンケースの話について疑いをもったように、やはり不信の対象になりました。このビジネスへの期待と不信・懐疑心の両義性についての複雑な気持ちを端的に表したのが「プロジェクト」という概念でした。現在はプロジェクトというと、「プロジェクトマネジメント」や「ゼミでプロジェクトをやる」といった使い方をしますよね。この概念にもじつは歴史があるのです。

　この歴史の鍵となるのは、突拍子もないように思われるかもしれませ

んが「錬金術」です。錬金術は価値のない材料から金銀をつくるというものですが、その錬金術において「project/projection」は一般的な用語でした。ハリー・ポッターに「賢者の石」が出てきますが、これは価値が低いとされている鉛や錫を金銀に変えるための石です。それが「powder of projection」と呼ばれました。錬金術では「projection」を価値のないものから価値があるものを創造するプロセスという意味で使っていたのです。新しいクラウドファンディングのような経済的プロジェクトがたくさん発生してきたときに、錬金術のイメージをとおして理解されたということです。

　経済的プロジェクトは歴史上常に存在しますが、プロジェクトの支援に常に国家や権力が関心をもっていたわけではありません。もしも権力の指導下でどんどんと新たなプロジェクトが立ち上がりビジネスが盛んになれば、国家権力が増し、国が豊かになり、人びとも幸せになるだろうという理解が広がりはじめたのがルネサンスの時代です。このような背景があって、16 ～ 17世紀世紀においてはビジネスの文脈で「project」が使われはじめました。

　ここでいう「プロジェクト」は、無駄から富を生み出す新規事業計画ということです。うまくいけば錬金術が鉛から金銀を生み出し多くの人が潤うように、起業家にとっても社会にとっても win-win になるはずです。私益と公益が両立するように見えますが、「無理なのではないか」「詐欺ではないか」と思えるようなプロジェクトです。現代にも「イノベーションを社会実装して、日本の未来を切り拓いていきたい」という野心的な人たちがいますが、それに対して思わず疑いの目を向けてしまうこともあるでしょう。じつはそこには、歴史的な背景があったのです。

　「プロジェクト」は新規事業の不確実性、リスクに付随するきな臭さをうまく表現しているコンセプトです。このプロジェクトに対する不信が300 ～ 400年前には蔓延していました。そこへの介入や調整には長く

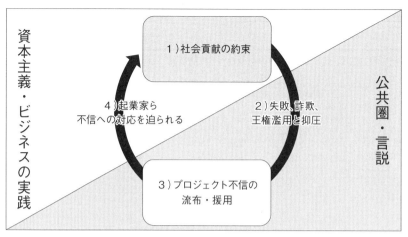

図4　Taming Capitalismの歴史的展開

複雑な歴史があり、それを明らかにすることが私の仕事です。「公共善の約束は不信を呼び起こし、その不信はプロジェクトの概念で端的に表現されていた」ということが書籍の副題の意味合いです。

●プロジェクト活動の台頭とプロジェクト不信の歴史を概観する

　研究内容を簡単にモデル化すると図4のようになります。図の右下は一般の市民社会で使われているさまざまな言語・言説です。左上はビジネスの世界で起こっていることです。これまでの研究は右下の内容を文学部の研究者が、左上は経済学部や商学部の研究者がそれぞれ別々に研究していました。しかし、当時の人びとにとってはつながりのある事象だったわけです。ビジネスマンは「社会貢献の約束」をし、それがうまくいかなければ「プロジェクト不信」が起こり、不信が流布していく。そうすると起業家はなんらかのかたちで不信への対応を迫られます。このサイクルは何度も何世代にもわたって繰り返されてきたことが、私の研究で見えてきました。これが経済成長と消費行動にだけ注目していては見えてこなかった資本主義の展開の一側面なのです。

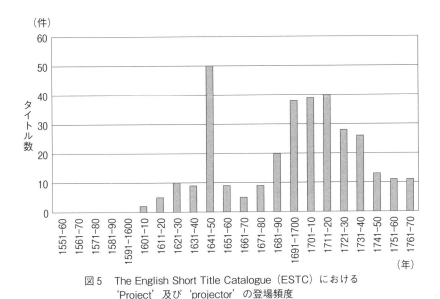

（件）

図 5　The English Short Title Catalogue（ESTC）における
'Project' 及び 'projector' の登場頻度

出典：*English Short Title Catalogue*, ［http://estc.bl.uk/アクセス日時July 2015, 検索キーワード
＝project* OR proiect*］

　このプロジェクトという活動の台頭と社会的な不信の流布の歴史を概
観するにはどうすればよいか。私の場合はデータベースを使いました。
テクニカルな話になりますが、今は1800年以前に英語で出版されたほぼ
すべての出版物のデータが「English Short Title Catalogue」にオンラ
イン化されています。これを使って「プロジェクト」という用語がどの
くらいタイトルに出てきたかを調べました。また、多くのプロジェクト
発起人が取得していた特許についても、毎年どれくらいの件数が認可さ
れていたかを調べました。法的な枠組みと、出版というより文化的な枠
組みの両者を比較してみればプロジェクトと社会不信のトレンドを知る
ための指標になるだろうと思ったのです。
　文化の領域で10年ごとにどれくらいの変遷が起こっているかは、図5
のようになりました。1640年代の内乱（いわゆるピューリタン革命）を

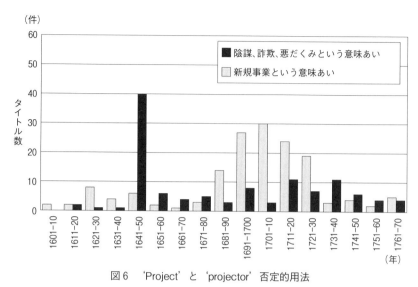

（件）

図6　'Project' と 'projector' 否定的用法

出典：*English Short Title Catalogue*,〔http://estc.bl.uk/アクセス日時July 2015, 検索キーワード
= project* OR proiect*〕

経て、名誉革命が起こったのが1688年です。18世紀には議会主導の政治
体制が確立し、絶対王政ではなくなり、イギリスが世界的な覇権を握る
時期です。「プロジェクト」という用語が出版物に現れはじめたのは、
17世紀の最初の10年ほどからです。なぜかピューリタン革命の直前にも
急に増えています。先ほどみなさんに見ていただいた1698年のパンフレ
ットが出てきた時代にもたくさん使われています。

　しかし、これだけでは内容がよくわかりません。そのため、否定的な
意味の用例と中立的な意味の用例を比べました。その結果が図6です。
1640年代に爆発的にプロジェクトに対する批判が起きました。1630年代
のチャールズ1世絶対王政時代に、多くのプロジェクト発起人が王権と
癒着して腐敗を起こしていたからです。その後政治的な混乱が巻き起こ
り、1641年に検閲制度が崩壊した結果、腐敗をともなったプロジェクト
が爆発的に批判されたのがこの時代です。

プロジェクトが批判されはじめたのは、その少し前の17世紀初頭です。その頃から、プロジェクトは「キャラクター」をとおして批判されていました。要は、漠然とした難しい言葉で批判するのではなく、社会問題の背景には問題を引き起こしている人がいて、その人物像をシェイクスピアやベン・ジョンソンたちが劇や歌にして流行らせることで、世直しの機運が巻き起こっていたのです。当時の文筆家たちは、そうした行為を文学の役割だと考えていました。創作のなかのキャラクターとしてプロジェクトを立ち上げる悪人が出てきて、その悪人を「projector」と呼びました。今は使われていない言葉ですが、プロジェクト発起人という意味で、そこに悪いイメージがつきまとっていたわけです。

　図7の左側の人物がprojectorです。動物の顔をしています。手がフックになっていて金貨の入った袋を取ってきています。国中をだましているといわれていました。絵の下は歌になっていて、projectorと彼が仕える廷臣との「かけあい」になっています。プロジェクト発起人が「あなた様のために、国益にアピールしてうまいこと人びとを騙してきましたが、化けの皮が剝がれてしまいました」と歌うと、「私に助けを求めようとも、もう遅いのだ。時宜と運とが相互に同意して議会を招集してしまったから」と返します。「相互に同意」というのは「joint consent」です。議会や人びとの同意を得ずに産業を独占してきた者たちを皮肉たっぷりに批判しているのです。歌という形式にも注目しましょう。文字が読めなくても、聴いて歌うことで腐敗を批判できるようになっていたのです。

　私はこうした大衆向けの文学作品に登場するようなイメージを分析し、社会全体にどうやって広がっていったかを調べました。1600年代まではほとんど出版物に出てきていない「プロジェクト」という言葉が20〜30年後には大変流行してしまっているのです。その様子をできる限り詳細に調べ、いかにプロジェクト不信が蔓延したかを明らかにしようとし

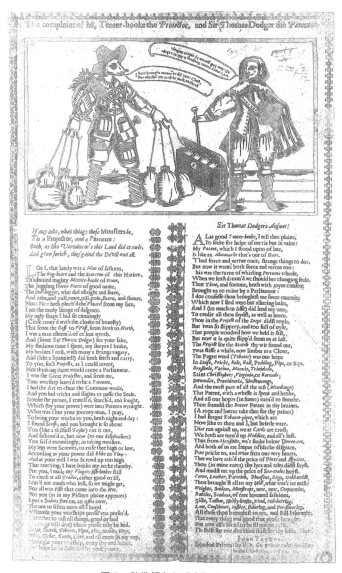

図 7　詐欺師としてのProjector

出典：John Taylor, *The complaint of M. Tenter-hooke the projector, and Sir Thomas Dodger the patentee* (London, 1641).

ました。

４．いかにプロジェクト不信は蔓延したか

●projectorによる不信の自覚

　プロジェクト発起人たちは、みずからの悪い評判が出ると対処をする
必要が出てきます。現在の企業のように、彼らも自分たちのイメージを
コントロールする必要性を自覚し、自分たちが腐敗した悪い奴らだとは
見えないようにする方法を模索するようになります。不信に直面した起
業家たちの試行錯誤を追うことにより、プロジェクト不信の蔓延とビジ
ネスへの中・長期的な影響を明らかにしようと考えました。

　「不信の自覚」については、手紙などさまざまな文章を見ていくと
「新税の導入をたくらむ projector だと疑われた」「私は projector と呼
ばれることを極力避けているので、印刷物の上ではこういうことをいっ
てはまずい」というようなことが書かれているわけです。

　特に面白かったのが債務者監獄で書かれた Samuel Weale という人の
手紙です。この人は、最初にご紹介した鉱山会社が設立された頃に、イ
ングランドの西南部の片田舎からロンドンに出てきて新しいベンチャー
企業を立ち上げようとしました。その結果、大失敗をして債務が返せな
くなって監獄に入れられてしまったのです。その監獄でもプロジェクト
の企画書を書き続けて「こんな面白いプロジェクトがあるので私にお金
をください。それで負債を返済してみなさんにちゃんとリターンをおこ
ないます」と手紙をたくさん書いているのです。企画書の成否に自分の
身の上が懸かっています。彼はロンドンのキリスト教普及団体に鉱山事
業を提案していて「スコットランドにすごい金の鉱脈がある。細かいこ
とはいえないがクラウドファンディングをしてくれたらその秘密を明か
す」としていました。さらに「I shall in future assert, That……all
Projectors are not Imposters」とも記しています「Imposters」は「は

ったり屋」という意味です。「私はあなたたちにすべてのプロジェクト発起人がはったり屋とは限らないことをこれから証明してみせます」といっています。自分のいうことが簡単には信じてもらえないことを、彼はよく自覚していたのです。慈善団体からの返信の手紙もあるのですが、2〜3回の往復でとまっています。要は「こいつはヤバい奴だ」と思われて打ち切られてしまったのでしょう。彼はそのまま1713年頃に監獄で亡くなってしまうのですが、彼の手稿がオクスフォードの図書館に残っていて、私がたまたま発見したというわけです。

　このような不信の自覚についての史料はいくつも発見されています。その不信に直面した人たちは、詐欺や自己利益の追求ばかりをしているプロジェクト発起人だと思われないようにするにはどうすべきかを考えていたのです。そのため、「私はプロジェクト発起人とは違い、社会に貢献したいと思っている」といいはじめます。自己利益と社会貢献を両立させるという主張をする時点で、あまりにも projector らしいのですが。結局「お前のことは信頼できない」といわれてしまうわけです。

●プロジェクトと政治権力との癒着

　プロジェクト批判のもう一つの側面は権力との癒着です。政治権力を味方につけ、「国家や社会のためにおこなう」として事業を強行すると、さまざまなしわ寄せが生まれます。公共事業や企業誘致などでは最近でもみられる光景かもしれません。例えば、石牟礼道子さんの『苦海浄土わが水俣病』（1969、講談社）という名作がありますが、発展の遅れていた熊本南部の人びとに仕事と豊かさをもたらすという名目で水銀を扱う工場が誘致されたのがことの発端になっています。水俣に工場が来た時は遅れている日本の田舎に世界最先端の工場を建てて九州の誇りにするという建前が使われました。しかし、実際に工場ができてみると、塩化メチル水銀を含んだ排水によって、工場沿岸の人びとが水銀中毒に苦しみ、救済を求めるも地元市民からも和解を拒む問題分子扱いされなが

ら死んでいくという不正義が起きたわけです。他にもダムや可動堰を造る計画がもち上がると、昔の伝統的な景観が破壊されたり、町や村はダムの底に沈んでしまったりしますが、地域経済創成やGDP成長が理由として説明されることがあります。そういう風に社会貢献の約束が、しわ寄せをともなう施策の正当化に使われたり、結果として悲劇を引き起こしたりすることは歴史上何度もあり、特に政治権力に密着すると腐敗しやすいわけです。

5. 政治と結びついたプロジェクトの変容
●上からの経済改良の失敗
　イギリスのケースに戻るならば、特に「絶対王政的に政治主導で経済を回すのはまずい」という認識が17世紀半ばからできたのです。その理解はさまざまな史料から見て取れます。事業家とサポーターのあいだで交わされた手紙、法律家の大著、独占的な利権に反対した技師についての密告の手紙、枢密院の議事録など挙げればきりがないほどです。
　こうして上から押しつけるかたちがまずいという共有了解が立ち上がってきたことがわかりました。これを数量的に点検したのが図8です。先ほど言及した特許の数です。年間に認可された特許の数をグラフ化したものですが、「チャールズ1世の「絶対王政」期」（1629-1640）はプロジェクトと政権が特に癒着していた時期です。「名誉革命後のベンチャー企業ブーム」の時期（1688-1697）は、最初に紹介したようにクラウドファンディングが流行した時期です。この2つの山はまったく性格が違うのです。認可の全数ではなく「そのうち国庫に上納金を約束した特許の件数」に注目してください。チャールズ1世の時期には、国庫に一定の金額を収めることを約束したうえで特許認可が下りている事例が大多数です。プロジェクトの認可そのものが王の野心に直結していて、戦争のための資金がほしい王権のもと、特許をもとにさまざまな独占が

図8　発明関連特許と国家財政

出典：Yamamoto, *Taming Capitalism before its Triumph*, pp. 31, 36

正当化された時期だったのです。先ほど紹介した木版画の歌が批判した
のは、こうして政府の資金調達をきっかけに産業独占を強行したプロジ
ェクト発起人たちだったのです。

　しかし、チャールズ1世の統治が終わると、特許の性格が変わったこ
とがわかります。特許認可件数が伸びる時期はありますが、国庫に上納
金を約束した特許はほとんどありません。特許制度が政府の野望と基本
的に直結しなくなったということが読み取れます（特許制度は、かわり
に新しい技術の保護に使われたり、新規事業立ち上げの際のPR手段と
して流用されたりしたことがわかっています）。こうした時期において、
どのようにビジネスが社会と関連していたかを調べる必要がでてきまし
た。その結果、国内の有力層へのしわ寄せや抑圧を避けつつ経済改良を
目指すことが新たな慣習になったらしいことがわかってきたのです。

　具体例を挙げると、イギリスやアイルランドで昔から製造されている

シードルというりんごのお酒についてのエピソードがあります。当時イギリスではワインの製造が盛んではなく、ワインを輸入することで輸入超過になっていました。しかしそれは、競争力の面から望ましくないため、イギリス政府はそれに代替するものを製造し、輸入超過の現状を打破しようとしました。その代替品がシードルだったのです。クロムウェルが王に替わって支配した空位期が終わって王政が復古した1660年以降になると国家戦略として、自国民がワインではなくシードルを飲むように習慣を変更させ、ワインの輸入を減らすことが大真面目に議論されるようになりました。その方法として選択されたのが、りんごの生産を流行させることだったのです。ロンドン王立協会という科学をつかさどる学術団体による議論の内容が手紙として残されています。一部を引用しましょう。

> 私の眼前に如何なる法よりも優れたものがある。法による［経済改良の］行使は、それが実際に試行されないことで形骸化してしまうことが多くあった。しかし我らが君主の偉大な模範は……法よりもいっそう甘美に、力強く、みな善き人にも悪しき人にも働きかけるのである。
>
> There is something better than any Law before my Eye. For Laws we see many times … do fall to ground, and become void for want of due execution. But his majesties great example … is more sweetly, and also more powerfully binding to all good, & bad Men, than a Law.
>
> （Royal Society Archives, LBO/27, p. 412.）

　1630 ～ 1650年代であれば、権力を使って民衆に命じるという手法がとられていたでしょう。家にりんごの木を植えさせて、官吏に点検をさ

せ、違反をする者には罰金を科し、罰金の一部が官吏のポケットに入る仕組みをつくればよいのです。そうすれば摘発が盛んになり、民衆はりんごの木を植えるようになるでしょう。このような仕組みは最終的に国民のためになると思われていたのです。しかし、1660年代になると、手法のまずさに権力側も気づきます。

●人びとの競争心や欲望に働きかける

今度はりんごの生産を流行らせるために、王がりんごを植え、全国を転々とする巡回裁判官の家にもりんごを植えさせれば、全国津々浦々で自宅のりんごの出来について話題になるはずだというシナリオが描かれました。オクスフォード大学とケンブリッジ大学にもりんごの苗木を送り込んだうえ、シードルの出来栄えを競い合わせるコンテストを実施することも検討されます。さらに、シードルをつくるために必要な砂糖は当時イングランドの植民地になってまもない西インド諸島から調達し、砂糖の需要を喚起して植民地との貿易も盛んにさせようという議論もおこなわれています。こうして、りんご栽培を流行させれば、法律で規制することなく、輸入代替を進めつつ植民地とのつながり強化できるようなインセンティブ・ストラクチャーが成立するのではないかとロンドン王立協会の人びとは考えたのです。人びとの欲望や競争心こそが経済の発展にプラスになるという考えに基づいた先進的な議論です。しわ寄せをたくみに避けながら経済発展を実現できるような新たな仕組みが、不信の蔓延を背景に生み出されています。これが「資本主義をてなずける」ということです。

こうした議論をさらに抽象的なレベルで展開したのがニコラス・バーボンでした。1678年に「競い合い（emulation）は持続的な勤労（industry）を引き起こし、それは中断や充足を許さない。靴の修理工は、靴職人や教区のだれとも同等の生活を目指し、すべての隣人が同じように競い合う。こうして人民は豊かになり、それが国家を利するの

だ」と述べています。「物を手に入れたい」という動機に基づいた消費社会の萌芽が見て取れます。歴史研究においては、消費社会の出現は18世紀とされていますが、その芽は前世紀の中頃から現れていたのです。

　一方、周辺地域においては抑圧的な改良や経済政策の押しつけは引き続きおこなわれていて、上記の取り組みはごく一部にとどまっていました。アイルランドやスコットランドやウェールズの人びと、宗教的なマイノリティや女性や子どもに対する抑圧と搾取は依然続いている状態でした。

　しかし、発言権のある一部の人間に対しては、権利・特権と両立可能な経済発展が目指されるようになりました。国内の生産・供給サイドにおける「上からの」改良の難しさが認識されるにつれて、より「下からの商業社会論」、つまり国民の需要・消費行動を重視し、競争的な消費欲求を刺激することで富を生み出させるような議論がこの時代に生まれてきたのです。プロジェクトについても、17世紀前半以前は発起人と王の利害が優先されるモデルでしたが、1660年以降になると、消費者やすべての人びとの消費欲を満たすことで社会の問題を解決するとするモデルに変わっていきます。

　我々が今SDGsなどにおいてビジネスを通じた社会問題の解決を図る場合も、モデルは同じです。消費欲をいかに刺激するかが鍵になるため、注目をいかに集めてインターネット上のクリックを誘うか、アプリケーションをいかに閉じさせないかなどの研究が続けられています。そのひな形がこの時代にできたということです。

６．アダム・スミスが黙殺した「見える手」
　最後に申し上げたいことは、経済学という近代的な学問はこうした点から出発している部分があるということです。どういうことかというと、プロジェクト不信を軸に私たちがみてきた歴史は、アダム・スミスが著

したような政治経済学の起源を理解するための手掛かりになるというこ
とです。彼の有名な著作『国富論』の一説とグラスゴー大学での講義か
らご紹介しましょう。

　　自分自身の利益を追求することによってこそ、彼［商人］は……し
　　ばしば社会の利益を推進する。公共の利益のために仕事をするなど
　　と気どっている［プロジェクト発起人のような］人びとによって、
　　大きな利益が実現された例を私はまったく知らない。
　　By pursuing his own interest he frequently promotes that of the
　　society more effectually than when he really intends to promote it.
　　I have never known much good done by those who affected to
　　trade for the public good.

（『国富論』4編2章9段落）

　　プロジェクト発起人は人間の営みにおけるあるべき自然の作用を混
　　乱させる。自然を放任し、その目的の追求をはばかるところなくお
　　こなわせれば……それだけで国家を最低の野蛮状態から最高度の豊
　　かさに導くことができるのである。
　　Projectors disturb nature in the course of her operations in human
　　affairs; and it requires no more than to let her alone, and give her
　　fair play in the pursuit of her ends … Little else is requisite to
　　carry a State to the highest degree of opulence from the lowest
　　barbarism.
　　(Dugald Stewart, *Biographical Memoirs of Adam Smith* (1858), p. 68.)

　スミスは、プロジェクトやビジネスを通じた社会問題の解決は経済発
展のために役に立たないものだと考えていたということです。実際には

彼の目の前で何度も繰り返しおこなわれてきたにもかかわらず、社会の
プロジェクト不信を疑うことなく受け入れていて、人びとが欲求に従っ
て駆り出されていく面にのみ注目して市場を理解してしまっているよう
です。債務者監獄でプロジェクト不信に直面した Samuel Weale や、不
信を背景に資本主義をてなずけた大勢の人びとの visible hands（見える
手）を捨象したうえで、職業グループごとの "interest" と行動様式を
分析することにより、「見えざる手」が介在する法則性の高い political
economy を知の体系として樹立したのではないでしょうか。

　プロジェクト不信の歴史をはじめ、本章でご説明したような歴史は、
最近まで書籍にも書かれていないし知られることもありませんでした。
もちろんインターネットにも掲載されていません。その理由は、私たち
がスミスから始まった近代経済学の知的枠組みを受け継いできたからで
はないでしょうか。実際、経済学を志す場合には、最初に「経済学はイ
ンセンティブを理解する学問です。みなさんが何をいうかではなくどう
行動しているのかを見ていきます。その行動から人びとが何を求めてい
るかを推論します」と教えられます。そのため、経済学の分析では過去
や現在の人びとが「社会貢献のためにこの行動をします」と主張してい
ることは基本的に捨象してしまいます。要は、主張はエビデンスとして
信頼に値しないという理解なのです。

　「社会の貢献の約束とそれに向けられた不信」を中心に展開した「資
本主義のてなずけ」という大きなプロセス（図4）を半ば捨象すること
によって経済学という学問領域は成立しているように見えます。しかし
実際には、無駄や好機、私的利害を公共善に変換する試みや、ビジネス
を通じて社会問題を解決して公共善の実現を目指す試みは、少なくとも
400年ちかく続いているのです。我々はこれらを忘れ去るのではなく、
思い出して学ぶ必要もあるのではないかと主張したいのです。

おわりに

　みなさんが講義の最初にエシカルファッションブランドのペンケースについて抱いた不信と同じものは、過去から延々と繰り返されているのです。その歴史についてはこれまで学んでこなかっただけで、これからはその点についても考えていく必要があるでしょう。グローバル企業の社会的責任やSDGsの達成において、企業と自治体・行政の連携が議論される現代を生きる我々は、いまだに「プロジェクトの時代」を生きているといえるのではないでしょうか。

　最近新しく始まったように思えるものが、じつは400年以上の歴史をもつこともあります。そうすると、経済学などはきわめて特殊なかたちで誕生したものかもしれない、という疑念も芽生えます。歴史学はそうして当たり前とされていることから距離をとり、歴史の大きな流れのなかから見直すような学問でもあります。こうしたアプローチをさまざまな方法で繰り返すと、いつの間にか目の前の流行に惑わされず自分で物事を考えられる力がついてきます。その可能性をみなさんと一緒に耕していければよいと思っています。

引用文献

Bodleian Library, Oxford, Rawlinson Manuscripts D808 [Papers of Samuel Weale].

Royal Society Archives, United Kingdom, LBO/27.

石牟礼道子『苦海浄土──わが水俣病』講談社、1969年

[Barbon, Nicholas] *Discourse shewing the great advantages that new-buildings, and the enlarging of towns and cities do bring to a nation* (London, 1678).

Smith, Adam. *An Inquiry into the Nature and Causes of the Wealth of Nations*, ed. R. H. Campbell and A. S. Skinner (2 vols., Indianapolis, IN: Liberty Fund, 1976)［国富論］.

Stewart, Dugald. *Biographical Memoirs of Adam Smith* (1858).

Yamamoto, Koji, *Taming Capitalism before its Triumph: Public Service,*

Distrust, and 'Projecting' in Early Modern England, (Oxford: Oxford University Press, 2018).

参考文献
E. H. カー『歴史とは何か』（清水幾太郎訳）岩波新書、1962年
川北稔『洒落者たちのイギリス史』平凡社ライブラリー、1993年
マルク・ブロック『歴史のための弁明』（松村剛訳）岩波書店、2004年

生命から学ぶ社会の成長と消費

バタイユ「全般経済」再考

石川　学

（いしかわ　まなぶ）慶應義塾大学商学部専任講師。1981年生まれ。2014年東京大学大学院総合文化研究科博士課程修了。博士（学術）。専門はフランス文学・フランス思想。著書に『ジョルジュ・バタイユ　行動の論理と文学』東京大学出版会、2018年等。

　「全般経済」という考えは、フランスの思想家、文学者であるジョルジュ・バタイユ（1897-1962）が提起したものです。今日はまず、この考えにたどり着くまでのバタイユの思想の歩みを、とりわけ世界大戦から受けた衝撃ということに着目しながら概観します。そのうえで、戦争をめぐる思索の結実にほかならない、この「全般経済」の議論に踏み込みます。

　そして最後に、「全般経済」の観点から、「文学」という一見離れたテーマについて、バタイユがどのようなことを考えたのか、さらに、そのような経済や文学についての思索が、私たちが現代世界を捉えるうえでどのような示唆を与えるものであるのかを検討していきたいと思います。

1．「全般経済」に至るまでのバタイユ

●ジョルジュ・バタイユとは

　ジョルジュ・バタイユは、20世紀フランスの思想家、文学者です。著名なフランスの哲学者ミシェル・フーコー（1926-1988）が、「彼の世紀の最も重要な書き手の一人」と指摘した人物です。

バタイユの文章には、特に日本において人口に膾炙^{かいしゃ}しているものがいくつかあります。たとえば次の2つがそうです。

　　私は哲学者ではなく聖人であり、おそらくは狂人だ。

（『瞑想の方法』1947）

　　エロティシズムは、死に至るまでの生の称揚である。

（『エロティシズム』1957）

　これらのフレーズは、前後の文脈をなかば無視したような仕方で、単独で引用されることもあります。これらから窺^{うかが}えるのは、バタイユは人間が理性を失ってしまう経験にこそ、人間の実存と世界とを変革する可能性をみて取ろうとした作家であるということです。近代において、通常、人間の理性とは、人間の最も本質的な可能性の一つとみなされていました。ですが、バタイユによるなら、理性はむしろ、人間の可能性を制限しているもの、人間の可能性を頭だけに制限しているもの、ということになるのです。

　バタイユは、そういう桎梏^{しっこく}から人間を解き放ち、そのことによって人間の実存そのもの、さらには人間が暮らしている世界全般を変革することを目指した作家だと、大きくまとめることができます。

●バタイユの出生とその家族

　バタイユは1897年にピュイ゠ド゠ドーム県ビヨンに生まれました。父は梅毒という性病にかかっていて、無信仰でした。母も信仰に無関心であったといわれています。これは当時のフランスにおいてかなり例外的なことでした。1901年頃になると、家族でランスという都市に転居します。ランスはパリの東方で、ベルギー、ルクセンブルク、ドイツに比較的近い位置にあり、第一次世界大戦の激戦地になったところです。バタイユは、1914年に大戦が始まると、この地でみずからの意思でカトリッ

クに入信しました。17歳のときです。

　ランスには、名高い大聖堂があります。歴代のフランス王がそこで戴冠式をおこなった、立派な大聖堂です。ここもまた、非常に激しい戦渦に巻き込まれました。バタイユ一家は、このような場所で、梅毒で半身不随の父と一緒に暮らしていては危ないと考え、深刻な決断をすることになります。激戦地ランスに父を置いて、別の場所へ避難、疎開することにしたのです。父は翌1915年に病死しました。病気の父親を戦地に遺棄したという意識が、バタイユの生涯の思想活動に重要な影響を及ぼしたということが、後年の研究ではしばしば指摘されています。

　そして、1922年から1923年頃に、バタイユはみずからが選んだ信仰を捨てることになります。

●学術誌『ドキュマン』の運営責任者

　バタイユは、フランスの国立古文書学校という研究者養成学校を次席で卒業しました。非常に優秀だったため、将来を嘱望され、学術誌の運営を任されました。こうしてバタイユは、『ドキュマン』誌の運営責任者に就任します。1929年のことで、これが彼の作家としての出発点になりました。バタイユは、この学術誌『ドキュマン』を、当時フランスで隆盛をきわめていたシュルレアリスムの文学運動への反論の舞台とすることを企てました。

　シュルレアリスムとは、アンドレ・ブルトン（1896-1966）が始めた文学・芸術運動です。そのマニフェストである『シュルレアリスム宣言』（1924）には、「不可思議なものは常に美しい」というキャッチフレーズがあります。ここで「不可思議なもの」とは、理性による合理的な解釈ができないもののことです。それに着目するという点では、バタイユはブルトンと同じ方向性をもっています。けれども、バタイユからすると、「常に美しい」という言い方——合理的な解釈を免れるものを「美」という高尚な価値と結びつけて観念化してしまうような、お高く

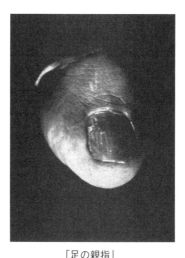

「足の親指」

出典：« Le gros orteil », *Documents*, n° 6, novembre 1929, p. 298.

とまった立場——は許せないものでした。

　バタイユは、こういったシュルレアリストに対し、「観念主義のくそったれども」という汚い言葉を浴びせかけます（1929）。さらに、『ドキュマン』掲載論考「低い唯物論とグノーシス主義」（1930）では、「存在とその理性とは、実際、より低いもの、どのような権威の猿まねにも決して役立ち得ないものにしか従属し得ない」と反論を述べています。

　この「低い」ものについては、端的なイメージをバタイユは提起しています。『ドキュマン』所収のある論考のタイトルである、「足の親指」がそれです。類人猿から進化し、直立二足歩行ができるようになった人間においては、身体の高低が物理的に分離します。つまり、直立時、頭が体の一番上にあり、足が一番下にあります。そのことから、ものを考える頭が一番上の高尚なもので、足は一番下にある汚いものだとする、価値の分離が生じるというのです。しかしバタイユは、「泥にまみれて」二足歩行を支えている低い足こそが、人間の現実のあり方の土台で

228

あり、その事実を直視しなければならないと主張しました。これが、シュルレアリスムの美学に反論する姿勢の象徴的な一場面です。

『ドキュマン』は比較的短期間で終刊してしまいました。そして1931年になると、バタイユは「民主共産主義サークル」という組織に加入します。

● 「民主共産主義サークル」への加入

このサークルは、共産党の主流から外れた極左知識人たちが結成した研究と政治活動の組織でした。あるとき、この組織に哲学者のシモーヌ・ヴェイユ（1902-1943）が勧誘されましたが、彼女は断りの手紙を返します。その理由はまさに、バタイユがいるから、というものでした。ヴェイユによれば、バタイユにとって「革命」とは、「非理性的なものの勝利」「恐るべき破局」「病的とみられる本能の解放」を意味するもので、「自分とどこに共通点があるのでしょう？」と疑問を投げかけずにはいられなかったのです。

1934年に「民主共産主義サークル」が解体したのち、バタイユは1935年に「コントル゠アタック」という政治組織を結成します。この時代、隣国ドイツではナチス政権が誕生していました（1933）。「コントル゠アタック」では、バタイユはシュルレアリスムの文学者たちと和解・協同し、反ブルジョア資本主義、反ファシズムを掲げました。結成文には「今度は我々が、ファシズムのつくり出した武器を利用しようではないか」という文言がみられます。これはバタイユが書いたといわれています。「ファシズムのつくり出した武器」とは、指導者が熱狂的な演説をおこない、それを聞く大衆の盲目的な情念に直接訴えかける、という手立てのことです。ファシズムが用いるこうした大衆動員の力を、今度はファシズムを打倒するために使うべきだとバタイユは考えたのです。しかしながら、次第にシュルレアリストたちは、バタイユ自身がファシスト的だとして脅威を感じるようになります。そして結局この組織は、わ

ずか一年で瓦解することとなりました。

　とはいえ、バタイユの活動への意志は、戦争が近づくにつれていっそう昂(たかぶ)っていきます。

● 「社会学研究会」、そして「アセファル」

　1937年に、バタイユは「社会学研究会」を立ち上げます。「研究会」と銘打っているので、表向きは学術的なグループを標榜(ひょうぼう)していますが、その活動のテーマは、人びとを盲目的に結集させる「神話」の回復でした。神話とは、古代の、宗教を基盤にした共同体で信仰されていたと想定される、成員の強固な結びつきの礎となる物語のことです（日本のイザナギ・イザナミの物語を思い浮かべてもいいでしょう）。バタイユはこれを、現代の社会学研究の成果を利用して、実際に生きられるものとして復活させるべきだと真剣に考えたのです。例えばバタイユは次のようにいっています。

> 神話だけが［…］人びとの結集する共同体へと拡大する、充溢の残像を思い出させる。それは、実存に悲劇の情動を伝え、実存の聖なる内奥を手の届くものにするのである。（『魔法使いの弟子』1938）

　ここには悲劇という言葉が出てきますが、バタイユは、人間の死が人びとにもたらす悲劇的な感情が、強力な結集のもとになると考えました。そして、この結集こそがファシズムへの現実的な抵抗手段となることを主張します。バタイユはこう確言しています。

> 軍隊の帝国には、別のもう一つの帝国を対決させるしかないと思います。ところで、軍隊の帝国以外には、悲劇の帝国しか他に帝国はありません。［…］悲劇の帝国は、死を愛するほどに、噴出的な生を送る者たちに属することになるでしょう。（「友愛団体、修道会、

秘密結社、教会」1938)

　つまり、「悲劇の帝国」――成員の死を拠り所とした強力な結集――
をつくり上げることが、「軍隊の帝国」であるファシズムを打倒する唯
一の可能性だということです。彼は実際、「社会学研究会」と並行して、
「アセファル」という名の疑似宗教組織をつくりました。アセファルと
は「頭がない」の意です。ここでは、理性をもつ頭を切り落とすことに
よる実存変革と、リーダー＝頭の支配を排除することによる社会変革と
が同時に目指されていきました。

●日本人との関わり――岡本太郎

　この「社会学研究会」と「アセファル」には、一人の日本人が参加し
ていました。画家の岡本太郎（1911-1996）です。当時パリに留学中だ
った岡本太郎がこれら2つの運動、とりわけ「アセファル」に関わって
いたことについて、のちにパートナーとなる岡本敏子（1926-2005）は
次のような証言を残しています。

　　ジョルジュ・バタイユなんかのあの一派と、喧々囂々（けんけんごうごう）とやって、秘
　　密結社までつくったのよ。バタイユから手紙で「何月何日にどこそ
　　この駅に集合！」って呼び出されると、その日は一切、口をきいて
　　はいけないっていう掟なんだって。その秘密結社の連中が、無言で
　　サンジェルマンの森の奥に集まるの。秘儀よ。そんなことまじめに
　　やってんのよ、そのすごい人たちが。子どもっぽいよね（笑）。

　最後の一文は、一見すると揶揄するかのようですが、非常に本質を突
いています。バタイユは、社会学を裏づけにして真剣に宗教儀礼を模し
た活動をしていますが、現実の社会情勢の下ではそれらは子どもの遊び
程度のものです。現実的な効力をもつことはあり得ず、ファシズム政権

を倒せなどしないのです。

●「社会学研究会」と「アセファル」の消滅

　結果として、「アセファル」と「社会学研究会」は、1939年にいずれも消滅します。第二次世界大戦の勃発を機に活動が継続できなくなったのです。これについては、岡本太郎が次のように書いています。

　　ドイツ軍がパリに殺到する数日前である。私はついにフランスにとどまることを断念して、バタイユに別れを告げに行った。仲間はすべて離散してしまい、当時パリ国立図書館に勤めていた彼と私だけがのこっていた。最後の一人である私が帰国することをつげると、彼はグッと両手を握りしめ、前につき出し、天井の一角をにらみつけた。「こんなことで、決して挫折させられはしない。いまに見給え。再びわれわれの意志は結集され、熱情のボイラーは爆発するだろう！」／孤独な彼の両眼は血の色をしていた。（岡本太郎「わが友　ジョルジュ・バタイユ」）

　こうしてバタイユが第二次世界大戦以前に心血を注いでいた研究活動、政治活動、宗教活動は、大戦によって完全に無に帰することになります。自分の長年の努力がゼロになったという衝撃。この衝撃が、バタイユ思想のさらなる展開につながります。その展開の一つが、「全般経済」ないし「全般経済学」なのです。

2. 「全般経済」の展開

●著書『呪われた部分』（1949）

　この「全般経済」の観点は、『呪われた部分　全般経済学の試み　第1巻〈消尽〉』（1949）という著作のなかで提起されました（「消尽」は「蕩尽」とも訳されます）。これはバタイユによって公刊された唯一の経

済学書です。彼はこの業績によってノーベル平和賞を取れると思っていたという逸話もあります。というのも、著作が刊行されたのが第二次世界大戦が終わったばかりの時期であり、その考察が、またしても来る^{きた}べき世界戦争、それも今度はほんとうに終末的なものとなるだろう世界戦争の回避を狙いとしたものだったからです。

1949年は、今からちょうど70年前です。この年に中華人民共和国が建国され、それまではアメリカしか成功していなかった原爆実験にソ連が成功します。原爆をソ連が保有するということになれば、まして米ソが戦争に至るということになれば、もはや地球が終わる可能性が視野に入ってきます。そのような状況下でこの著作は執筆され、出版されました。

●経済の全般法則

バタイユによれば、従来の経済学はもっぱら生産と富の蓄積ばかりを扱っており、富を消費する活動の分析がなおざりになっているといいます。それに対してバタイユは、タイトルの「消尽」という語が示唆するように、生産から消費までの全般的運動としての経済活動を考察しようとします。バタイユは、彼がいうところの「経済の全般法則」を次のように記述していきます。

　　全体的に見ると、常に、一つの社会はみずからの存続に必要である以上の生産をおこない、余剰分を処分する。余剰分の使用法こそが、まさに、社会を決定づけるのである。[…] だが、捌け口は一つだけではなく、その最も一般的なものは成長である。そして、成長はそれ自体いくつもの形態をもち、その各々がいずれはなんらかの限界に行き当たる。人口の成長が妨げられれば、それは軍事的になり、他の社会の征服に出ることを余儀なくされる。軍事的限界が到達されると、過剰生産物は、宗教の奢侈^{しゃし}的形態や、それに由来する娯楽や見世物、あるいは個人的奢侈を捌け口にする。

述べられているのは、既存の社会にとって過剰生産物がどのように処理されるかということです。例えば、それは人口のさらなる成長（増加）といったかたちで社会に吸収され、処理されていくわけですが、人口も一定の限られた土地の内部で無限に増えていくことはあり得ません。そうなると、人口の成長が妨げられるタイミングがやってきて、もう過剰生産物を人口の成長に充てられないということになります。その場合は今度、領土の拡大（戦争、侵略）が求められます。領土が増えればそこにいられる人間の数が増えますから、そうして新たに過剰が人口成長に割り当てられていくわけです。

　しかし、領土をめぐって延々と戦争をし続けることも難しいので、そうなると今度はぜいたくに余剰分を費やします。宗教的なものや、必ずしも社会的に有用性があるわけではないもの、あるいは娯楽や見世物にお金をかけるようになります。それがなければ死んでしまうのではないものに財を充てていくのです。バタイユはこう指摘を続けます。

> 　絶えることなく、歴史は成長の停止と再開とを繰り返す。平衡状態があり、そこでは奢侈的な生が増大するとともに、好戦的な活動が減少し、余剰分に最も人間的な捌け口が与えられる。しかし、この状態が社会を少しずつ解体させ、それを不均衡へと差し戻す。そうすると、なんらかの新たな成長運動が、許容し得る唯一の解決策として姿を現す。［…］社会は、新しい目的のために過剰生産物を処分するのだが、この目的は突如として、他の捌け口すべてを排除するのである。

　ここでは平衡状態という言葉が出てきます。奢侈的な生が増大するということは、余っている財が個人的な享受のためのぜいたくなおこないに使われるということです。そのときは領土の拡大を目指す好戦的な活

動が減少し、侵略ではなく人間的な方法で過剰なものが処理されるという安定状況が訪れます。

　しかし、やがてはそれもうまくいかなくなっていきます。すると、今までとはまったく別の処理方法が、唯一の排他的なやり方として選択されるようになるといいます。ぜいたくにお金を使うことがうまくいかなくなれば、ぜいたく以外のやり方で今度は過剰を費やさなければならないのです。バタイユはこうした流れを次のように世界史の展開と重ね合わせます。

　　イスラームは、戦争行為に利するように、あらゆる濫費的な生の形態を断罪した。[…] 奢侈のあらゆる形態に対して繰り返される非難——はじめはプロテスタントの、続いて革命主義者の——が、技術の進歩と結びついた産業発展の可能性に重なった。過剰生産物の大部分が、近代においては資本主義的蓄積に充てられた。[…] 今度は産業の発展が、おのれの限界を予感しはじめている。[…] 産業経済は、常軌を逸した興奮状態に巻き込まれている。それは、成長を強いられているように見えるのだが、すでに成長の可能性は欠落しているのだ。

　イスラームというのは、中世の、広大な領土を一つに束ねたイスラーム帝国のことです。それは侵略国家と定義されるわけですが、このイスラーム帝国においては、すべての過剰生産物が侵略に充てられたので、その過程で濫費的な生——個人の享受を目指すぜいたくな振る舞い——は、宗教的な教義と結びつくかたちで禁止され、断罪されました。

　一方、近代のヨーロッパはどうだったでしょう。第一の事例はプロテスタンティズムです。プロテスタンティズムは、ローマ教皇庁を中心としたカトリックの宗教体制が財を浪費することへの批判として登場しま

した。したがって、ぜいたくの禁止という理念がプロテスタンティズムにはありました。続く事例は革命主義、すなわち共産主義です。共産主義においては、資本主義的なぜいたくが労働者の搾取につながるというロジックから、ぜいたくが倫理的に禁止されます。ヨーロッパ近代の歴史は、こうした事例を経験するなかで、余剰をぜいたくに費やすことが許容されない状態に行き着いたとバタイユは指摘しています。

　このような状態においては、余剰をもっぱら資本主義的蓄積に充てる体制が確立し、それによって未曾有の産業発展が実現しました。しかし今や、その産業発展の可能性も限界に至りつつある。そうなると、ぜいたくでも成長でもない余剰処分の方法が要請されていく。これが、「経済の全般法則」に基づくバタイユの現状認識です。

●現代世界の「呪い」とその行く末

　じつは、「経済の全般法則」のモデルになっているのは、生命体の活動です。バタイユは、地球上の生命体はみな、生命維持に必要である以上のエネルギー（太陽エネルギー）を身に受けていて、余剰エネルギーをみずからの成長に充てる限界に達したときに、そのエネルギーをなんらかの仕方で消費しなければならないといっています。これをバタイユは、「生命体の全般的な滲出ないし浪費の運動」と表現します。

　例えば、私たちの体も、熱エネルギーが過剰になれば汗をかき、滲出させます。発汗と滲出によってその過剰は消費され、調整されます。これと同じようなメカニズムが社会にもあるとバタイユは考えるのです。ちなみにフランス語では、「発汗」と「滲出」とは、同じエクスュダシオン（Exsudation）という単語で表現されます。

　こういった全般法則からみた現代産業社会の状況は、余剰エネルギーを経済成長に充てることがもはや困難になってきているという点で、危機的なものです。成長すれば成長するほど、余剰エネルギーも増大し、それを消費する手立てがますますなくなっていきます。にもかかわらず、

236

傍らでは、プロテスタンティズムとマルクス主義によって、余剰をぜいたくな浪費に充てることが禁止されているのです。そうであるとすれば、消費を実現するための残された道は、軍事的侵略しかないということになります。「この過剰こそ、両大戦が滲出させたものだったのだ。両大戦の途轍もない激しさを生み出したのは、過剰の大きさだったのである」とバタイユは述べています。

　そしてさらに、両大戦以後の現代世界がおかれた「呪い」の状況に、バタイユは次のように言及します。

　　　怪物的な形態を取った戦争の拒絶と、奢侈的な浪費の拒絶とが起こり、後者の伝統的形態は、以後、不正を意味するものとなる。[富の余剰は] ついに、いつもなんらかの仕方で帯びていた呪われた部分としての意味を我々の眼前にさらけ出すにいたったのだ。[…] 全般経済学が第一に明示するのは、この世界の一触即発的性格であり、現代の世界は爆発寸前の緊張の極みに達している。[…] このような呪いを取り除くことができるかどうかは、人間次第であり、ひたすら人間次第だということを、ためらわずに原則として認めなければならない。

　『呪われた部分』という著作のタイトルの意味がここで明らかになります。過剰なものは、ほんとうはぜいたくによって消費するのが平和で人間的です。しかし、その可能性は「不正」という呪いを受け、社会的に禁じられたものになっているのです。残る可能性はもはや戦争しかない。しかし、2度の世界大戦を経験したあと、終末的となるかもしれない次なる戦争という選択肢はなんとしても防がなければいけない。引用部には、バタイユのこうした危機意識が溢れています。

●唯一の解決策：アメリカによる富の贈与

　それでは、どうすればよいのか。今までなかった消費の手段を見つける以外にないのです。その消費の手段とは何か。バタイユは、当時すでに莫大なものになっていたアメリカの富を全世界に贈与するという方策を、真剣に提案します。

　この点の記述は、『呪われた部分』から少しさかのぼり、2年前の1947年の論考の記述を参照することによって、より分かりやすくなると思います。次の引用がそれです。

　　　かくして、アメリカの活動の正常で必然的な運動は、対応する見返りなしに、全世界の設備へと楽々到達するに違いない。［…］この段階で、［…］明日への気遣いが今後、明日への気遣いの唯一の根拠となるのだ。［…］精神がこういった気遣いから解放されるのならば、肉体もただちにそれから解放されるだろう。［…］未来の優位から瞬間の優位への移行である。（「広島の住民たちの物語について」1947）

　これは、莫大な富をもつアメリカが、貧しい国に富の余剰分を贈与すれば、世界の設備投資が均等に実現されるのではないか、という主張です。そのような仕方で全世界に資産が行き渡れば、人びとはもうこれ以上成長を目指して生産活動をする必要がなくなっていきます。そもそも生産とは物をつくるために労働し、現在の生を楽しむことを放棄するあり方です。労働は基本、楽しいことではありません。今満足することを諦めて、未来の目的のために現在の生を捧げるという行動様式です。これまでは、そうしたことが成長のために不可欠でしたが、もう生産活動はいらないということになれば、労働する必要もなくなります。

　もし生産と労働が不要になれば、単純に今この瞬間を享受する生き方

が可能になります。アメリカによる富の贈与が実現すれば、それは、終末的戦争の回避という意味で社会を保全すると同時に、人間の生活の根本的な変革を実現する――人間は、生産と成長という過剰を生み出すシステムから解放され、労働という「未来の優位」の行動様式からも解放され、「瞬間の優位」のもとで生き始めるだろう――、こうバタイユは考えるのです。これがバタイユの「全般経済学」の結論となるべき内容です。

　先ほど引用した「広島の住民たちの物語について」は1947年の刊行で、『呪われた部分』はその2年後に出版されるのですが、この2つの著作のあいだの時期に、アメリカによってマーシャル・プランという政策が実行に移されます。マーシャル・プランは、アメリカによるヨーロッパ諸国の戦後復興支援のための、贈与と借款の政策です。『呪われた部分』の記述においては、まさにマーシャル・プランという現実の政策が、アメリカによる全世界的な富の贈与という可能性と結びつけられて論じられていきます。

　周知のように、実際にはマーシャル・プランの実行は富の均衡を実現するに至りませんでした。戦前のバタイユのさまざまな活動が現実の効力をもたなかったのと同じように、アメリカによる富の贈与という考えもまた、やはりリアリティーを欠いていたということになるのでしょうか。

　とはいえバタイユは、こうした解決策とはまた別の可能性を同時に探ろうとしていたようにも思われるのです。

3．そして文学へ
●文学と至高な生
　その可能性とは、文学です。

　バタイユは、第二次世界大戦以前には、ほとんど文学について論じて

いません。論じたとしても、授業の最初に触れたシュルレアリスム批判のように、否定的に取り上げるばかりでした。それが、1940年代以降の著作においては、文学に対してもっぱら肯定的な言及をするようになります。1951年に発表された「反抗の時代」と題された論考から、次の部分をみてみます。

> 我々の時代の詩——そして文学——には一つの意味しかない。それらは、我々の生に至高な躍動を与えることに憑かれているのだ。まさにそのために、詩と文学は、かくも絶え間なく、反抗に結ばれているのである（とはいえ、カミュの語る文学と詩は、「政治参加した」作家たちの努力［…］とは多くの場合無縁である）。現実の世界の限界を否定することが問題なのだ。（「反抗の時代」1951）

　ここでは詩と文学が同一視されていますが、「我々の生に至高な躍動を与える」とあるのは、先ほどの引用部分の「瞬間の優位」と同じことだと考えられます。そして詩と文学は「反抗」という振る舞いとつながるとも述べられています。注意するべきは、「反抗」が「政治参加」と厳格に区別され、「現実の世界の限界を否定する」という、より本質的なあり方と結ばれていることです。

●歴史への反抗

　この論考は、1951年に作家アルベール・カミュ（1913-1960）が出版した『反抗的人間』という著作を題材にしています。カミュはそのなかで「反抗」という観念を主題に据えました。それに対して、哲学者ジャン゠ポール・サルトル（1905-1980）が非常に強い批判を向けました。サルトルは実存主義の哲学者として有名ですが、この人はまさに「政治参加」を目指す作家たちの代表格です。文学者は政治に関わって革命のために行動しなければならない。ごくシンプルにいえば、そういう立場

を取る人物です。

　いっぽうカミュは、革命のような権力奪取を目指す政治行動が重要なのではなく、ただ単に反抗というかたちで既存の権力に異議申し立てすることに意味があると主張しました。バタイユはつまり、サルトル的な立場を批判し、カミュを擁護していることになります。

　続けて書かれた論考「『反抗的人間』事件」（1952）では、バタイユはさらに踏み込んで、次のような認識を提示します。

　　私は、サルトルやジャンソンほどに、不遇な人たちの苦しみがこの
　　世界において他の何よりも重要性をもつ、という原則を確信してい
　　ない。［…］さしあたっては、彼らの苦しみはもはや、唯一のもの
　　ではないように思うのだ。戦争の脅威が、人類全体を絶望的な状況
　　においてしまったのだから。特権者たちもこのたびは安全な場所に
　　はおらず、我々をかくも節度なく窮地に追い込んでいるのは、特権
　　者たちの利害ではなくて、歴史なのだ。
　　［…］我々のいるこの世界において、反抗を導くのはもはや、ブル
　　ジョワ支配によって抑圧された人びとに割り当てられた運命ばかり
　　ではない。吐き気を催すまでに我々の反抗心を駆り立てるのは、歴
　　史が非情にも、人類を自殺に追い込んでいることなのだ。（「『反抗
　　的人間』事件」1952）

　ここでは、人類全体が絶望的な状況におかれているという非常に厳しい認識が示されています。懸念されているのはやはり、アメリカとソ連の核戦争による世界の滅亡です。

　サルトルやその弟子のジャンソンの名が挙がっていますが、彼らは実存主義の哲学に基づいて政治行動を希求しながら、結果としてその政治行動は、現実世界においては共産主義への支持、ソ連への支持というか

たちで表れていきます。

　もちろんそれは、経済的な不平等の是正などといった、いわゆる社会正義の実現を目指すうえでのものです。しかし、それが現実世界においてソ連への支持になるのだとしたら、どういうことが起こるでしょうか。知識人たちがソ連を支持することによって、ソ連がどんどん正当なものとみなされれば、アメリカよりソ連の力が強くなっていきます。そうなれば、アメリカは対抗しなければなりません。このようにエスカレートしていけば、結局正義を求めてソ連を支持するとしても、起こることは核戦争による人類の滅亡ではないか……、このような認識をバタイユはもつに至りました。ゆえに、「歴史が人類を自殺に追い込んでいる」という厳しい指摘がなされるのです。

　こうした事態は一種の「政治参加」の暴走、行動の暴走です。正しいことを求めて行動しているのに滅んでしまう。正しいことを求めて行動するがゆえに滅んでしまう。そういう状況がほんとうに起こるのだとしたら、やるべきことは行動に参加することではなく、むしろ行動の暴走を抑えることです。そして、行動の暴走を抑えるためのおこないが、バタイユからすると、文学なのです。

●行動の必然性を前にした文学

　バタイユ最晩年の著作である『文学と悪』（1957）の序文には、次のような文章があります。

　　文学とは潔白なものではなく、さらには、有罪なものだと、結局は自分をそのようなものだと認めなければならなかった。権利をもっているのは行動だけだ。文学とは、［…］ついに再び見出された少年時代なのである。だが、少年時代が支配をするならば、それに真実があるだろうか？　行動の必然性を前にして際立つのは、カフカの誠実さであり、彼はおのれにいかなる権利も認めなかった。

［…］結局は、文学はみずからの有罪を認めなくてはならなかった
のだ。

　現代の世界においては、社会的に有用な「行動」の価値が支配的です。
そのなかで、文学に没頭するようなことは、擁護されないおこないだと
されます。たしかに、個人の趣味の範囲内で文学を楽しむのはよいとし
ても、例えば明日仕事がある、試験があるというときに、それでも今本
が面白く、徹夜で読んでしまって、仕事や試験をすっぽかしたというこ
とになれば、その人は社会的不適格者だと判断されます。これは現代の
日本においてもそうです。その意味で文学は、のめり込んだら擁護され
ない活動だということになります。それを「有罪」という強い言葉でバ
タイユは述べるのです。しかし、いっぽうで、「行動」の義務を忘れさ
せる読書という経験は、「瞬間の優位」に身を捧げるおこないであると
いえます。そうすると、その「瞬間の優位」を特徴とする文学のもつ意
味とは、未来の目的の実現を目指して暴走する「行動」に対する反抗で
あり、文学の価値を有罪に追い込む「行動」に対する反抗として、バタ
イユの希望を託されているように思われるのです。

おわりに
　経済の話に戻ります。過剰あるいは余剰と消費、消尽という対比を手
がかりに、現代の出来事や世界情勢を解釈してみると、どのようなこと
がいえるでしょうか。
　現代世界では、例えば、中国の膨張ということが起こっています。ア
メリカも相変わらず拡大を目指す一方、限界も明確になってきています。
日本はもっぱら何十年もの停滞局面に入っています。こうした状況があ
るわけですが、これをバタイユの考えを敷衍して捉えてみると、どうい
うことになるでしょうか。

あくまで一つの物の見方として聞いていただければと思いますが、中国では長らく一人っ子政策が採用されていました。これは過剰な蓄積を抱え込まないための防衛策だとも解釈できないでしょうか。中国は、まもなく非常に高いレベルの少子高齢化社会に入るといわれています。少子高齢化もまた人口減少をもたらすわけですから、それ自体一種の、過剰を抑制しようとする社会の運動なのではないでしょうか。

　ヨーロッパでは移民の問題が深刻になってきています。移民に対する拒絶もまた、過剰を抱え込まないための一つの社会の反応ではないか。物事の是非に対する判断はさておき、こんなふうに考えてみることもできるかもしれません。

　日本は停滞局面に入っているとはいえ、成長を社会的に追求し続けていること自体は変わりません。私自身がかりそめに提起してみたい日本のイメージは、不穏当なのですが、穴の開いた原子炉です。過剰エネルギーを中に抱えていて、それを抑え込むために膨大な水を必要としている。その水というのは、例えば海外からの観光客であり、あるいは移民労働者ということになるかもしれません。そういう存在を内に取り込むことによって、過剰を抑え込もうとするのですが、そこにもはや成長の可能性はありません。結局穴が開いているのでどんどん流れ出ていくだけで、爆発を押さえ込むのに精一杯なのです。

　このようなイメージを、バタイユの考えを手がかりにしてもつこともできるという事例を挙げてみました。これはもちろん、客観的な事柄として厳密に述べているわけではありません。そのようなイメージとともに世界を解釈してみることにも、知の豊かな実践があるのだと指摘したいのです。

　もう一つ論点を挙げましょう。瞬間の優位を体現する、「再び見出された少年時代」としての文学のイメージは、現代においても有効でしょうか。有罪という否定的なイメージによって文学をいまだに捉えてよい

でしょうか。捉えてよいとしたら、そのような文学のあり方に、ほんとうに今でも私たちは希望を託せるでしょうか。このようなことを考えてみてもよいだろうと思います。

　生産、蓄積、有用性がいまだ第一の価値でありつづけている現代において、バタイユが示唆したような成長の運命が到来するのかどうか。すなわち、瓦解、破滅、衰退といった運命が訪れるのかということは、やはりきわめて深刻な問題として検討していかなければいけません。そのための手段として、バタイユの「全般経済」という考え、またその文学に対する考えは、今なお顧みるべきものであると思います。

参考文献

Georges Bataille, « Le gros orteil », *Documents*, nᵒ 6, novembre 1929.
Georges Bataille, *Œuvres complètes*, t. I–XII, Paris, Gallimard, 1970–1988.
Denis Hollier (ed.), *Le collège de sociologie*, Paris, Gallimard, « Folio », 1995.
岡本太郎「わが友　ジョルジュ・バタイユ」『岡本太郎の本 1　呪術誕生』みすず書房、1998年

参考URL

https://www.1101.com/taro/kotodama/2003-11-14.html（2020年 1 月10日最終閲覧）

編者
西尾宇広（にしお　たかひろ）
慶應義塾大学商学部准教授。1985年生まれ。京都大学大学院文学研究
科博士後期課程（ドイツ語学ドイツ文学専修）、博士（文学）。専門は
近代ドイツ文学。著書に『ハインリッヒ・フォン・クライスト──「政
治的なるもの」をめぐる文学』（共著・編訳、インスクリプト、2020
年）、『晩年のスタイル──老いを書く、老いて書く』（共著、松籟社、
2020年）、『文学と政治──近現代ドイツの想像力』（共著、松籟社、
2017年）等。

生命の経済
　　──生命の教養学 16

2020 年 6 月 5 日　初版第 1 刷発行

編者─────慶應義塾大学教養研究センター・西尾宇広
発行者────依田俊之
発行所────慶應義塾大学出版会株式会社
　　　　　　〒108-8346　東京都港区三田 2-19-30
　　　　　　TEL〔編集部〕03-3451-0931
　　　　　　　　〔営業部〕03-3451-3584〈ご注文〉
　　　　　　　　　　〃　　03-3451-6926
　　　　　　FAX〔営業部〕03-3451-3122
　　　　　　振替　00190-8-155497
　　　　　　URL http://www.keio-up.co.jp/
装丁─────斎田啓子
組版─────株式会社ステラ
印刷・製本──株式会社太平印刷社

慶應義塾大学出版会

慶應義塾大学教養研究センター 極東証券寄附講座 生命の教養学

生命の教養学へ—科学・感性・歴史

慶應義塾大学教養研究センター編　「教養」に基づく領域横断的な新しい「生命」観の確立を目指す書。遺伝子、臓器移植、脳死、感染症、犯罪心理学、身体論といったジャンル横断的な切り口から、複雑な現代生命を捉えるために必要な知識を身に付ける一冊。　◎2,400 円

生命の教養学—ぼくらはみんな進化する?

慶應義塾大学教養研究センター編　文理融合・領域横断的なアプローチで「進化」を論ずる。生命科学領域の研究者が「性」「免疫」をテーマに生命進化を論じ、歴史・科学史・文学の研究者が「進化論」を考察する。　◎2,400 円

生命と自己—生命の教養学Ⅱ

慶應義塾大学教養研究センター編　今、「自分」が、「生きている」、とは?医学、認知科学、天文学、生物学、遺伝学、システム論、精神分析から宗教、文学、アートに至るまで、養老孟司、斎藤環、池内了等の個性溢れる論者が集結。　◎2,400 円

生命を見る・観る・診る—生命の教養学Ⅲ

慶應義塾大学教養研究センター編　生命をどう捉えるか?」の問題に対して、「見る」「観る」「診る」という 3 つの「みる」をキーワードとして設定し、第一線で活躍する論者を迎え、生物学、環境学、物理学、心理学、文学、医学などさまざまな立場から考察する。　◎2,400 円

誕生と死 —生命の教養学Ⅳ

慶應義塾大学教養研究センター編　「誕生」そして「死」——この二つの出来事について、私たちは何を考えられるのか。医学、薬学、文化人類学、歴史学、生物学、宗教学、文学、体育学など多彩な分野の講師が展開する、「生」の境界への射程。　◎2,400 円

生き延びること—生命の教養学Ⅴ

慶應義塾大学教養研究センター・高桑和巳編　「生死の先にあるもの」としての「生き延び」「サバイバル」に焦点を当てた論集。遺体科学、政治思想、医療人類学、労働の現場など多彩な切り口で、「生き延び」についての視座を提供する。　◎2,400 円

慶應義塾大学出版会

慶應義塾大学教養研究センター 極東証券寄附講座 生命の教養学

「ゆとり」と生命をめぐって—生命の教養学Ⅵ

慶應義塾大学教養研究センター・鈴木晃仁編 「ゆとり」は生命に何をもたらすのか? 「ゆとり」と「むだ」の違いは? 「ゆとり」を取り巻くさまざま疑問に、人類学、環境学、数学、心理学から現代アート、ロボット工学まで多彩な視点から考察。　　　　　　　　　　　　　　　　　　　　　　　◎2,400 円

【対話】異形—生命の教養学Ⅶ

鈴木晃仁編／小松和彦・上野直人著　「『異形』をめぐる文系と理系の対話」をテーマに、文系から妖怪研究で著名な文化人類学者・小松和彦氏、理系から発生生物学者・上野直人氏を招いて開催された集中講義を書籍化。　◎2,400 円

【対話】共生—生命の教養学Ⅷ

鈴木晃仁 編／深津武馬・市野川容孝著　その関係は、共生? 寄生? それとも平等? 生物学の深津武馬氏、社会学の市野川容孝氏の二人の気鋭の学者が、「共生とは何か?」を、「進化」や「淘汰」とも絡めつつ問い直す、刺激に満ちた集中講義の書籍化。　　　　　　　　　　　　　　　　◎2,400 円

成長—生命の教養学Ⅸ

高桑和巳編　慶科学史、教育学、教育心理学、経済史、社会学、経営学、スポーツコーチ学、発生学、地球システム学、進化生物学の専門家が「成長」を語ることで現れる三次元的「成長のホログラフィ」を提示する。　　◎2,400 円

新生—生命の教養学Ⅹ

高桑和巳編　「生命」の「あらたま」を探し求めて脳科学、発生生物学、分子生物学、生態学、書物史、哲学、日本政治思想史、アメリカ研究、マーケティング、経営情報システム研究の専門家が「新生」を語る。　　　　　◎2,400 円

性—生命の教養学 11

高桑和巳編　すべてのひとが「当事者」である性の問題。セックス／セクシュアリティ／ジェンダーの区別および相互浸透のありさまを段階的に捉える「性の手ほどき」。　　　　　　　　　　　　　　　　　　　　　　　　◎2,400 円

表示価格は刊行時の本体価格(税別)です。

慶應義塾大学出版会

慶應義塾大学教養研究センター 極東証券寄附講座 生命の教養学

食べる—生命の教養学 12

赤江雄一編　「食べる」をテーマに、ローカルとグローバリゼーションとの関係、日本における食の持続可能性とその危機、食文化の生成発展のさまざまな姿、また食と健康をめぐる東西の医学の過去と現在、そして食の未来（革命）を語っていく。　　　　　　　　　　　　　　　　　　　◎2,400円

飼う—生命の教養学 13

赤江雄一編　身近なペットと人との関係、養殖や畜産、そして実験動物から古代ローマの奴隷やナチズム、そして現代日本の人身売買まで見渡す。さらに、人体の腸内の微生物の機能をあきらかにし、飼うことの倫理学を中心に置く。　　　　　　　　　　　　　　　　　　　　　　　　　　　◎2,400円

感染る—生命の教養学 14

赤江雄一・高橋宣也編　感染のメカニズム、感染したものへの医学的・社会的・感情的なとりくみなど、生物学、医学、公衆衛生政策、疫学的な観点に加え、歴史学、哲学、文学、コンピュータ・サイエンスの観点から人類が逃れることのできない「感染る」世界にアプローチする。　　　　　　◎2,400円

組織としての生命—生命の教養学 15

荒金直人編　慶應義塾大学で行われたオムニバス講義の書籍化。生命を一つの組織と捉え、生物学から哲学分野まで理系・文系問わず様々なジャンルからアプローチする。「生命とは何か」といった問いを深く考察させる一冊。　　　　　　　　　　　　　　　　　　　　　　　　　　　◎2,400円